電気機器技術史

――事始めから現在まで――

乾　昭文
山本充義　[著]
川口芳弘

成文堂

はしがき

　1800年、ボルタ（Allessandro Volta, 1745～1827、伊）は、英国王立協会会長バンクス卿（Sir Joseph Banks, 1743～1820、英）に、自分が発明した電堆（電池）に関する論文調の手紙を送った。いよいよ、電気工学の開幕である。ボルタ以前は静電気の時代であった。静電気でも、電荷（正と負）、静電力（異極は吸引、同極は反発）、電荷の移動（電流）、電荷の蓄積（ライデン瓶、蓄電器）、導体と絶縁体、火花放電などの電気の基礎概念は得られていたが、静電力は弱く、放電は瞬時に終わり、利用の面では有用なものではなかった。
　ボルタの電堆は、ダニエル（John Frederic Daniell, 1790～1845、英）らによって改良され、連続的に電流を流せる電流源となった。動電気時代の始まりである。1820年、エルステッド（Hans Christian Oersted, 1777～1851、デンマーク）は電流の周りに磁界が発生することを発見した。その後、数学の得意なアンペール（Andre Marie Ampère, 1775～1836、仏）による磁界と電磁力との解析があり、1831年には、ファラデー（Michael Faraday, 1791～1867、英）が「電気が磁界を作るなら、磁界が電気を作るはず」だとの発想で、電磁線輪（Induction Coil）の実験から電磁誘導の法則を作った。このようにして、電磁機器開発への道筋が作られた。当時の電気利用は実験室規模のアーク灯、電気分解、電気メッキなどがあったが、電池は高価であったため、電気の利用は進まなかった。安価な電気代が期待される回転機械式の発電機の開発が望まれた。1832年、ピキシ（Negro Hippolyte Pixii, 1808～1835、仏）は最初の回転式直流発電機を作った。以降、大容量高性能機への開発が進むことになる。
　17世紀後半に起こった産業革命では動力を蒸気機関に求めたが、19世紀後半の第2次産業革命では、動力をより利便性の高い石油、電気に求めるようになった。前者は内燃機関であり、後者は電磁機関（Electro-Magnetic Engine）；電動機である。動力の流れは川上で蒸気、水力、その他による大

規模な発電を行い、川下で電動機により簡便な動力を得、さらに照明、通信、その他の電気利用も行うように推移していった。このような流れの中で、電気の川上から川下への伝送手段、すなわち送配電技術は重要な役割を果たすことになる。

　かくて、電気利用の範囲と規模は拡大の一途をたどることになる。この全体像を一書でまとめることは不可能である。本書では、電気の発生、供給、利用に焦点を当て、電気機器の発展経緯を歴史的にたどることにする。

目　　次

はしがき

1　電気の発生―発電機 ……………………………………………… 1

1.1　永久磁石界磁発電機（Magneto）………………………………… 1
1.2　電磁石界磁発電機（Dynamo）…………………………………… 4
1.3　初期の交流発電機（二相、三相時代以前）………………………… 12
1.4　二相機、三相機への発展 ………………………………………… 16
　　1.4.1　水力発電所用発電機 …………………………………… 19
　　1.4.2　火力発電所用発電機 …………………………………… 27

2　電気の供給 …………………………………………………………… 32

2.1　変圧器 ………………………………………………………… 32
　　2.1.1　ファラデーの誘導線輪から定電圧変圧器まで ……………… 32
　　2.1.2　変圧器の本体と特性を決めるもの ………………………… 42
　　2.1.3　現用器に向かって ……………………………………… 53
2.2　開閉装置 ……………………………………………………… 63
　　2.2.1　開閉器から遮断器まで …………………………………… 63
　　2.2.2　現用遮断器開発まで …………………………………… 65
　　2.2.3　ガス絶縁密閉型開閉装置 ………………………………… 78
　　2.2.4　遮断器の責務 …………………………………………… 80
　　2.2.5　遮断器開発のための等価試験方法 ………………………… 91
2.3　電力供給回路の雷撃保護―避雷器 ………………………………… 92

2.3.1　気中放電ギャップから酸化亜鉛形避雷器まで …………… 94
　　2.3.2　避雷器の責務 …………………………………………………… 100
　　2.3.3　ギャップなし酸化亜鉛形避雷器の試験 ……………………… 103

③ 電気の利用 ……………………………………………………… 106

　3.1　初期の電動機（構想模索時代） ……………………………………… 106
　3.2　誘導電動機 ………………………………………………………… 112
　　3.2.1　米国における事情 ……………………………………………… 113
　　3.2.2　欧州における事情 ……………………………………………… 116
　3.3　電動力応用への変遷 ……………………………………………… 118
　　3.3.1　電動機の場合 …………………………………………………… 120
　　3.3.2　発電機の場合 …………………………………………………… 120
　3.4　電気の事業への応用 ……………………………………………… 122
　　3.4.1　アーク灯からLED電球に至るまで ………………………… 122
　　3.4.2　民生分野、家電機器 …………………………………………… 129

あとがき ……………………………………………………………………… 139

1 電気の発生―発電機

電気応用は 19 世紀初頭から始まった。その頃の応用は照明、小規模の電気分解、電気メッキ、次いで工場、交通機関の動力などが考えられたが、電源には電池しかなく、出力は弱く、高価となる電気代がその応用を拒んだ。安い費用で強力な電力供給源となり得る回転機械式の発電機の開発が望まれた。初期の発電機の界磁には永久磁石が用いられたが、より強力な磁界が求められ、電磁石が用いられるようになった。前者発電機はマグネット（Magneto）と呼ばれ、後者はダイナモ（Dynamo）と呼ばれた。この永久磁石を用いたものを第 1 世代、電磁石を用いたものを第 2 世代と分類する。

1.1 永久磁石界磁発電機（Magneto）

最初の発電機に図 1.1.1 に示すファラデー（Michael Faraday, 1791～1867、英）の単極形発電機がある。一般に単極機は低電圧、大電流だが、彼のものは小型なこともあり、やっと検電計の針を動かす程度のものであった。強力な発電機になるには界磁は多極で、電気を発生する電機子の巻線は多数巻きであることが必要である。次いで作られた発電機は、1832 年の図 1.1.2 に示すピキシ（Negro Hippolyte Pixii, 1808～1835、仏）のもので、回転する U 字形磁石頭部の両極に相対して、一対のボ

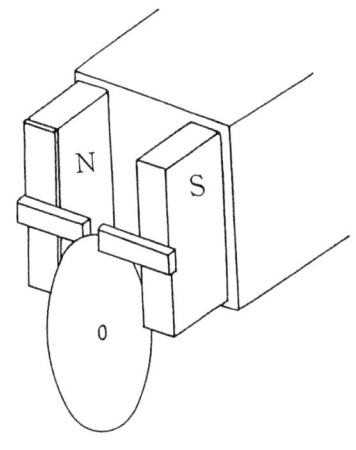

図 1.1.1　ファラデーの単極形発電機
（1831 年頃）

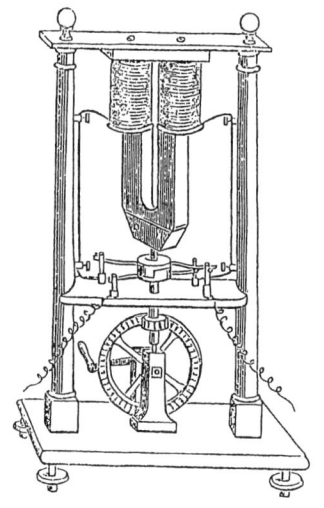

図 1.1.2　ピキシの直流発電機
　　　　　（1832 年）
（The Electrician, June 1881 より）

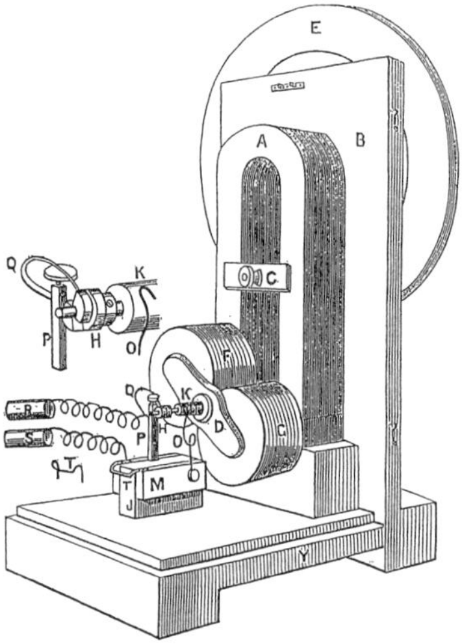

図 1.1.3　クラークの直流発電機
　　　　　（1836 年）

ビンコイルを配した構造である。磁石の大きさは 8cm、重量 2kg、コイルには 50m 長の銅線が用いられた。ピキシは当時フランスで電磁気の最先端の研究をしていたアラゴ（Francois Jean Dominique Arago, 1786〜1853、仏）やアンペール（Andro Marie Ampère, 1775〜1836、仏）に、実験装置を納入していた製造業者である。アンペールはソルボンヌ大学の実験講義に彼の発電機を使用したが、最初のものは誘起される交番電流をそのまま使ったので、水の電気分解を行うと水素と酸素のガスは混合状態で発生する。アンペールの助言を得て、下部にカム形の整流装置を付けて直流出力とし、ガスを分離して取り出すことができた。最初の直流発電機ができたわけである。なお、のちに整流装置は現用機に近い円筒回転形の整流子に改良された。

　その後、多くの人たちの改良が続くが、1834 年、クラーク（Edward Marmaduke Clarke, 1791〜1859、英）が作ったものを図 1.1.3 に示す。軽いコイルを回転し、コイルは磁石の先端ではなく側面に配し、コイルを通る磁束量を増やした。この形が原型となり、さらに出力増大のため多数のコイルと組み合わせ、コイルを一軸に取り付けることが行われた。一例として、図 1.1.4

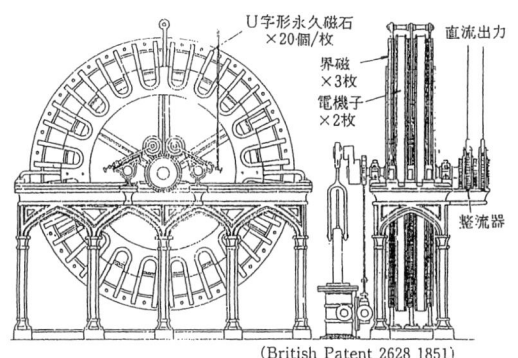

図 1.1.4　ホルムズのマグネット形直流発電機（1857 年頃）

にホルムズ（Frederik Hale Holmes，1840〜1875、英）が、1857 年、英仏海峡の灯台のアーク灯電源として設置したものを示す。

　当時としては最大級のもので、3 枚の固定子円盤上に 20 個、合計 60 個の U 字形磁石が取り付けられ、その間に 2 枚の電機子円盤が回転する。円盤上には 2×80 個、計 160 個のコイルが取り付けられている。高さ、幅各 3m の巨大なもので、3 HP、90 rpm の蒸気機関で駆動した。発電機としての効率は悪く、出力は 1kW 以下と推定される。改良形のものが 1862 年ダンジェネス（Dungeness）灯台で運転を開始し、1874 年までの 12 年間運転された。しかし、この種の永久磁石界磁の発電機は磁界が弱く、コイルの巻き数が多くなるのでインダクタンスが大きくなり、整流転流時の火花が大きくなる。コイルの抵抗も大きく、電気的損失は大となる。また、図体が大きいことで、機械的損失も大きく、発電機の総合効率は $\frac{1}{3}$ 程度と推定される。この低い効率と複雑な構造の機械的な破損、これらに対応できる運転員の確保困難などで、残念ながらアーク灯は運転停止となり、石油照明に置き換えられた。

　海峡を隔てたフランスのアリアンス（Alliance）社でも同様の発電機が作られたが、上記のような理由で実用性のあるものができなかった。アーク灯は交流でも差し支えないことがわかったので、同社のルー（F.P.Le Roux）は整流子をスリップリング（Slip Ring）に置き換えて交流化した。また磁石の磁極を内側に向け、電機子直径を小さく、また、電機子内のコイルを並列に接続することで、内部抵抗を低くするなどを行い、大幅に効率を向上させた。

表 1.1.1 マグネット形発電機（旧）とダイナモ形発電機（新）の比較

	タイプ	速度(rpm)	出力(kW)	重量(t)	価格(£)
マグネット形発電機（旧）					
ホルムズ機	ac	400	2	51	550
アリアンス機	ac	400	2.3	36	494
ダイナモ形発電機（新）					
グラム機 1873 年モデル	dc	420	3.2	25	320
シーメンス機 1873 年モデル	dc	480	5.5	11	265

　最初の試作機は 1856 年で、1859 年にはナポレオン（Napoleon Bonaparte, 1769～1821, 仏）が安置されている廃兵院（Hotel des Invalides）の照明に、1861 年には凱旋門を照らした。1862 年のロンドン万博の会場を照らし、賞を得た。ホルムズはこの交流化成功の話を聞き、彼の機械も交流化を行った。1882 年までにこのマグネット（Magneto）形発電機は英国で 5 か所、フランスで 4 か所の灯台に設置された。

　以上のように、マグネット形発電機の時代に既に直流と交流の両発電機があったわけだが、負荷として交流を必要とせず、また回路的には取り扱いに面倒のない直流のほうが好ましかった。発電機の効率向上に整流子をスリップリングに交換した程度のことで、本体は大同小異、したがって、両者一括してマグネット形として述べた。マグネット形発電機はその後改良が成されたとはいえ、構造的に空間の利用率が悪く、不格好で大きくなりがちで、火花も大きく、出力の増大に無理があったので、次に出てきた小型で高効率の電磁石界磁ダイナモ（Dynamo）にその席を譲らざるをえなかった。表 1.1.1 に新旧発電機の比較を示すが、その差は歴然たるものがあり、第 2 世代の Dynamo 形に移る。

1.2　電磁石界磁発電機（Dynamo）

　第 2 世代で真に実用機と認知されたのはグラム（Zenobe Theophile Gramme, 1826～1901, ベルギー後に仏で活躍）機である。発電機も電動機も全く同じ構造で機能を発揮することがわかったので、両者一括して述べる。なお、第 2

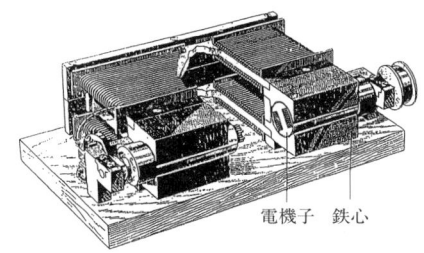
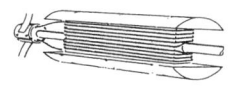

(a) 本体　　　　　　　　(b) シャトル形電機子

図 1.2.1　シーメンス機

世代までは直流機が主体である。

　直流機として、開発すべき要点は下記である。
(1) 整流があるので、固定子界磁、回転電機子構造が一般的である。
(2) 界磁は他励または自励の電磁石で、脈動の少ない強力な界磁を作る。磁極片は積層鉄心とし、渦電流損による加熱を抑える。
(3) 磁気回路、界磁と電機子との間隙は極力短くすることで、本体寸法の縮小と磁界を強めることに努力する。
(4) 回転電機子は鉄心を積層し、溝を設けてこれにコイルを納め、機械的に強固な構造とし、高速回転に耐えるものとする。コイルは全体を閉回路として、出力波形、火花の改善を図る。なお、念のために述べると、現用三相交流機は回転界磁、固定電機子、電機子巻線は星型接続で開回路である。

　上述の諸開発技術は一度に達成できるものではなく、多くの先達者の参加で逐次行われ、それらが集約されて今日に至っている。その経緯を述べる。

　改良の最初のものとして、1856 年のシーメンス（Werner von Siemens, 1816〜1892、独）機を図 1.2.1 に示す。電機子はシャトル型である。シャトルとは織機で、横糸を運ぶ船形の巻枠のことである。H 型に切り込んだ電機子鉄心にコイルを長手方向に巻いた構造で、堅牢なものとなり、高速回転に耐える。また、電機子鉄心と界磁との間は狭くすることもでき、効率のよい発電機となり、通信用として広く使用された。問題点は、ソリッドの電機子鉄

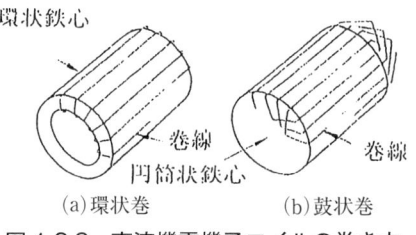

図 1.2.2　直流機電機子コイルの巻き方

心の過熱と、電機子コイルが整流時に開になるので火花が大きくなることで、これが大型機への発展を阻害した。なお、H 形電機子鉄心は、Doppel T-Anker（Double T-Armature）と呼ばれている。

　以降さらなる改良が続いたが、電機子に対する改良の流れには次の 2 つが挙げられる。

(1) グラム機を代表とする環状形（またはリング形、Ring）巻線電機子　図 1.2.2(a)参照
(2) シーメンス社アルテネック（Friedrich von Hefner Alterneck, 1845～1904、独）発案の鼓状形（またはドラム形、Drum）巻線電機子　図 1.2.2(b)参照

　グラム機だが、その前段ともいうべきものに、図 1.2.3 に示す 1840 年頃のエリアス機（Elias）と、図 1.2.4 に示す 1865 年頃のパチノッチ機（Pacinotti）がある。両者とも電動機として作られたが、その電機子構造の考え方は発電機としてのグラム機に踏襲された。エリアス機は界磁、電機子ともにリング状コイルで、外側に界磁、内側に電機子を置き、両者ともリング状軟鉄の鉄心を持ち、6 個のコイルが巻かれている。界磁の極性は図に示すとおり、電機子の極性は整流子により電流が切り替えられ、変化して回転する。円周上にコイルを配置していることが現用機に通じるものがある。パチノッチ機は円形状電機子鉄心に 16 個の歯があり、その間に 16 個のコイルが鉄心に巻きつくように巻かれ、全コイルは直列に接続されて、現用機と同様閉回路になっている。これは整流時の火花抑制に重要である。コイルは鉄心に巻きつけられているので、堅牢で、高速に耐える。また、リング状電機子鉄心はそ

 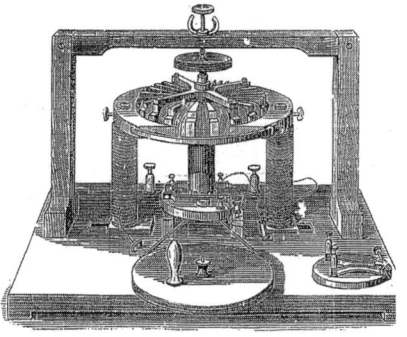

図 1.2.3　エリアス機（1840年頃）　　図 1.2.4　パチノッチ機（1865年）

こを流れる主磁束の脈動が少なく、電機子電流の脈動も少ない。このことは自励発電機への発展を可能とするものである。

　前述両機の長所を取り入れたグラム機は図1.2.5に示すような構造である。電機鉄心は同図(a)のように軟鉄心をドーナッツ状に巻いたもので、これに巻きつくように電機子コイル群が巻かれている。隣接するコイルには整流子を介して接続され、全体として閉回路になっている。主磁束はドーナッツ状鉄心の中をほぼ一定量で流れているので、誘起電圧のリップル分は少なく、火花も小さく抑えられている。問題は、コイル電線の鉄心内側に来る部分は、鉄心の陰に入り主磁束を切らないので電圧誘起に関与せず、この無駄な部分の電線量と銅損の増大である。しかし、それに勝る機械的堅牢さ、鉄心の局所的過熱のないこと、少ない火花、これらによる安定した運転実績は高く評価された。同図(b)には外観図を示す。最初に作られたのは1870年ごろだが、1873年オーストリアのウィーン（Wien）万博での運転実績も上述のとおりであった。さらに、1882年のミュンヘン国際電気博覧会では、会場運営のミラー（Oskar von Miller, 1855～1934, 独）はデプレ（Marcel Deprez, 1843～1916, 仏）に依頼、電機子巻線を1500V程度の高電圧に巻き替え、バイエルン・アルプスのふもと、ミースバッハ（Miesbach）とミュンヘン（Münich）間57kmの送電を行い、ミュンヘン会場の人口滝用ポンプを駆動した。このようにして、性能と信頼性で高い評価を受け、欧米で約1000台が運転された。

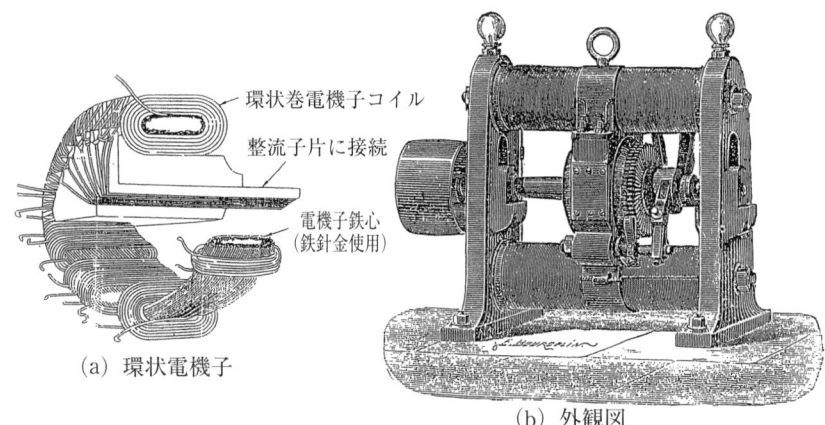

(a) 環状電機子　　　　　　　　(b) 外観図
図 1.2.5　グラム機

　グラム機と対抗の立場にあるシーメンス社はアルテネックの分布巻鼓状巻線電機子をグラム機と同じく 1873 年のウィーン万博で発表した。初期のものには電機子鉄心に溝がなく、その表面にコイルを貼り付け、バインド線で固定するもので、堅牢強固な電機子を作るのに苦労が多かった。図 1.2.6 は 1876 年頃に作ったもので、その後、電機子鉄心に溝を設け、その中にコイルを納めることで、堅牢な電機子が作られ、今日の電機子の標準構造となった。界磁の磁極片は半円弓状に成形した帯状鉄板を上下に置いたものである。

　1880 年初期に、エジソン（Thomas alva Edison，1847〜1931、米）は白熱電球を用いた照明事業で一時代を作ったが、それに用いた直流発電機を図 1.2.7 に示す。二極機でシンプル、経済設計になっていて、電機子鉄心は表面を絶縁被覆した円形鉄板を積み重ね、絶縁棒で締め付け一体としたもの、巻線は絶縁被覆した銅棒を鉄心表面に並べ、両端におかれた多数の銅円板に接続、電機子回路を形成している。量産向けに容易な工作法といえる（同図(a)参照）。界磁は二極で、磁極片上に長い励磁用鉄磁路円柱を設け、これに励磁用コイルが巻かれている。強い磁界を得るために長い円柱にしたが、磁気回路の研究で逐次短くなった。エジソンの直流発電機は 200kW 級のものまで作られ、ジャンボ機として、ニューヨーク、ロンドン、その他の地で彼の照明システムが用いられた。

1 電気の発生―発電機 9

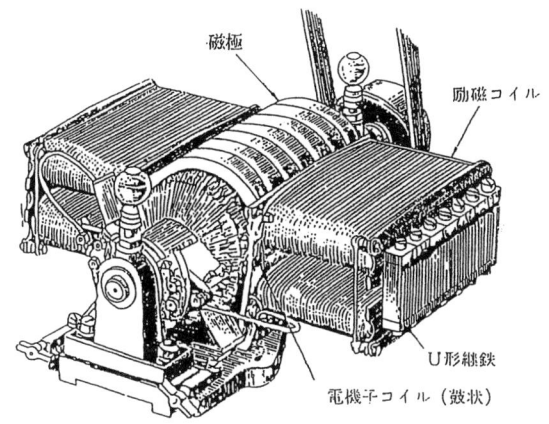

図 1.2.6　シーメンス機（アルテネックの鼓状電機子使用）

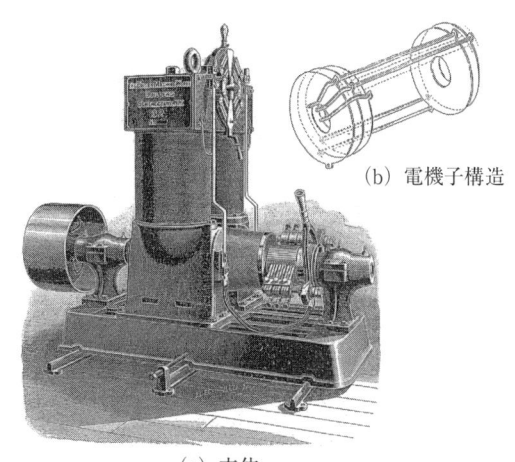

(b) 電機子構造

(a) 本体
図 1.2.7　エジソン直流発電機（1890年頃）

　直流による照明用電力は給電範囲が狭く、従って、地価が高くても、照明需要の多い市街中心地区に発電設備を設置することが多くなる。このため、発電機は効率的で、相応の出力を持つコンパクトなものが求められた。エジソンは1892年、図1.2.8に示す高速三段膨張機関（Triple Expansion Engine）と直結の多極（図では8極）直流発電機を開発した。電機子はグラム形環状

巻で、環状電機子鉄心上に一重で巻かれ、巻線の内から外に向かう部分の導体に整流子片を兼ねさせている。ブラシの数は極数と同じで8組である。発電機は機関の両側に2組あり、出力は50～800HPである。

1892年頃は照明用電源が直流から交流に代わる過渡期であり、照明を目的とした直流発電機は逐次時代の流れの外に置き去られる運命にあった。しかし、投資された資本は大きく、また、ウェスチングハウス（Westinghouse、WH）社の回転変流機を介して各種異電力系統を連携可能とする万能システム（後述、「1.4 二相機、三相機への発展」の節参照）の開発もあり、直流給電照明システムはただちに消えることはなかった。

一方、直流発電機の電動力応用のほうは、直流電動機が良好な制御性で、電鉄、産業界に広く使用された。これに伴い、その電源として回転変流機とともに直流発電機は改良され、大容量化が進み、数千kW級のものも開発された。これらについては後述の「3.3 電動力応用への変遷」のところで併せ紹介する。

図1.2.8　エジソンの多極機（The Electrical World. 1892 p216 より）

余談

19世紀末頃の電気機器製造工場の例を図1.2.9に示す。エジソンの工場で、(a)は工場全景、(b)は巻線作業場、(c)は組み立て作業場で、二極直流発電機を作っている。当時としては最大級の工場と思われるが、今から見れば中企業並みで手作業が多く、効率的な仕事の流れが感じられない。

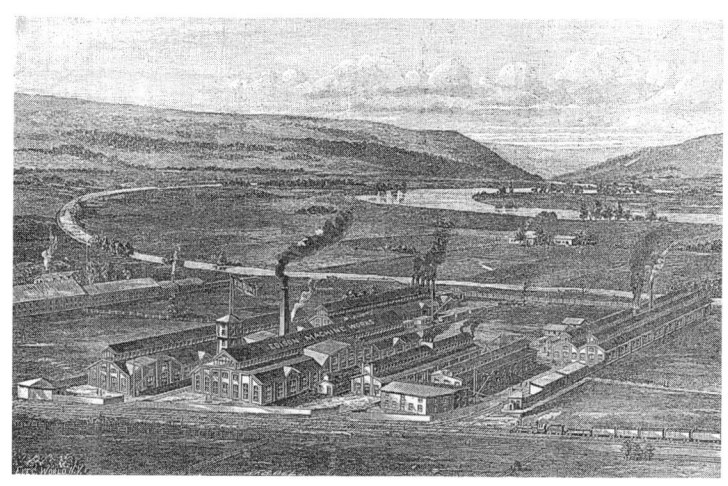

(a) 工場全景

(b) 巻線作業場　　　　　　　　(c) 組み立て作業場

図1.2.9　19世紀末の電気機器製造工場（The Electrical World. Aug. 1888 より）

1.3 初期の交流発電機（二相、三相時代以前）

　初期の永久磁石界磁のマグネット（Magnet）形発電機でも、アリアンス社は交流化したことを既に述べた。これは負荷側で交流を必要としたわけではなく、効率向上と整流の火花対策を目的としたものであった。負荷側から交流を必要としたのはヤブロチコフ（Paul Jablochkoff, 1847～1894, 露）の電気キャンドルである。エジソンの白熱電灯が出る前の照明はアーク灯であった。アーク灯は眩い光で、眼を疲労させた。電気キャンドルはこれに応えるもので、発光体は2本の炭素棒電極に半導体粘土層（カオリン）を埋め込んだものである（図1.3.1）。通電すれば電極上端からアークが発生して発火し、電極上部から下部に向かってローソクが燃えるように炭素電極を消耗させながらアークが持続する。このアークから発する柔らかい光は人々を魅了し、1880年頃には数千台の普及があった。電極の消耗には極性効果があり、陽極の消耗が著しい。両極均等に消耗するようにと交流電源が用いられた。この灯は炭素電極の消耗で、2～3時間と寿命が短く、取り換えの面倒があり、次に出てきた白熱電灯に席を譲らざるを得ないことになるが、初めて交流発電機を実用電源として使用した意義は大きい。照明に関しては、後述（3章 電気の利用　3.4 電気の事業への応用参照）にて詳述する。

　1893年、米国のシカゴでコロンブス新大陸発見400年を記念したコロンブス博覧会（World's Colombian Exposition）が開催された。そこで、電気に関する交流、直流間の交直論争（The battle of the currents）に最終的な決着がついた。この博覧会では、テスラとウェスティングハウスが提案した交流方式の照明が使用され、交流方式が勝利したことを世界中に宣言したことになる。エジソンのジェネラル・エレクトリック（GE）社*は、直流方式の照明装置を提案したが、採用されなかった。この博覧会では、テスラの発明した多相交流の発電機、変圧器、誘導電動機、交流直流変換機などが展示され、

＊　1892年、Edison GE社（General Electric Company）とThomson-Houston Electric Company社は合併し、GE社となる。この時、エジソンの名前はなくなったが、エジソンはGE社に残った。

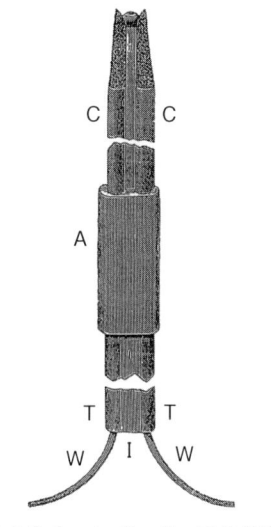

図 1.3.1　ヤブロチコフの電気
　　　　　キャンドル
C：炭素棒電極　I：半導体粘土層
(Joan Frank Inst. Aug. 1877 より)

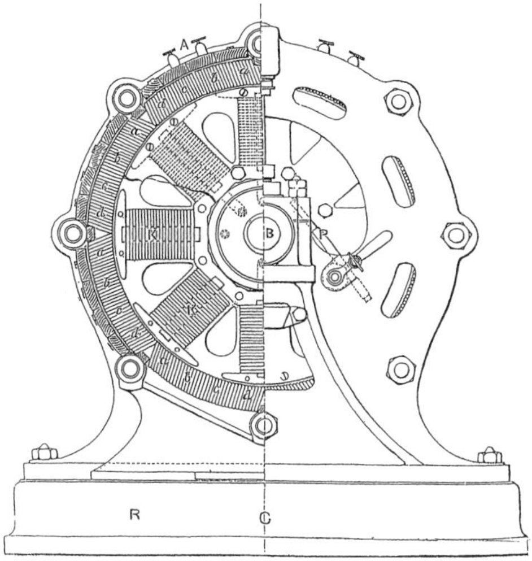

図 1.3.2　グラム機（1878 年頃）
単相 4 回路

交流方式での電機システムが完成したことを大々的に宣伝する博覧会となった。

　さて、それでは、当時どのような交流発電機があったか。代表として、グラム（Gramme）機、シーメンス（Siemens）機、フェランチ（Ferranti）機、ブラッシ（Brush）機、ウェスティングハウス（Westinghouse）機の 5 例を紹介する。当時の発電機は直流機の延長上にあり、すべて単相機である。
　グラム機、シーメンス機から始めるが、両者ともヤブロチコフのキャンドル用電源として開発されたものである。図 1.3.2 はグラム機で、回転界磁形で今日の発電機に近い構造になっているが、電機子は直流グラム機の構造を踏襲し、環状巻で、単相 4 回路になっている（1878 年）。各回路に灯 4 個が接続される。図のものは 8 極なので、32 灯の点灯が可能である。
　図 1.3.3 はシーメンス機を示す（1878 年）。直流機の電機子巻線には環状（リング）形と鼓状（ドラム）形とがあることを既に述べたが、シーメンス機

図 1.3.3　シーメンス機（1878 年）　　　図 1.3.4　フェランチ機
（JIEE, June 1957 p311 より）　　　（The Electrician, Nov. 1883 より）

はマグネト形発電機に戻ったような円盤（Disk）形である。回転電機子構造で、薄い空心または少量の鉄心が入った複数個のコイルを円盤状に配置した電機子巻線を挟むように、固定子の対の円筒状界磁巻線を配置したものである。この構造では、極数を任意に選べるので、極数の多い多極機にすることが容易である。原動機との直結でも、原動機の回転速度に応じて任意の極数を選ぶことで、希望の周波数の交流を得ることができる。例えば、当時の往復蒸気機関で、最高の回転速度は 500 rpm（rpm：revolution per minute、毎分の回転数、rpm と電源周波数 f との関係は、極数を p として rpm=120f/p である）である。12 極にすれば 50Hz となる。この構造での低いリアクタンスは、負荷の変動に対し電圧変動を低く抑えられるので、一般の需要にも広く使用され、400kW 程度のものまで作られた。欠点としては、構造上、三相機への変換は難しく、三相時代に入り姿を消すことになる。

　図 1.3.4 にフェランチ機を示す（1883 年）。原理的にはシーメンス機と同じと考えてよいが、電機子巻線はシーメンス機のように多数の独立した円板コイルを直列に接続したものではなく、図 1.3.5(a) に示すように波型に曲げた導体を 1 周させて電機子円板巻線を形成する。波の山谷一組みが独立した円板コイル一組みに相当し、それが連なって電機子巻線を構成する。電機子巻線と界磁巻線の位置関係は図 1.3.5(b) に示すとおりである。1500kW 程度の

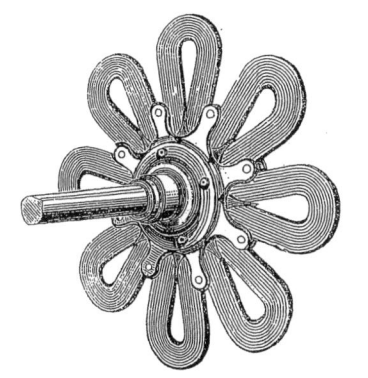
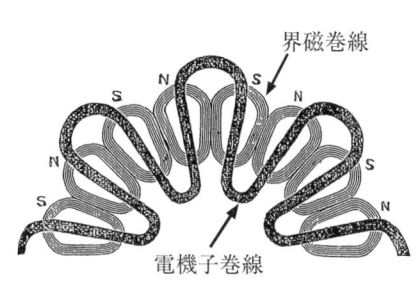

　　　(a) 電機子　　　　　　(b) 電機子コイルと界磁コイルの関係
図 1.3.5　フェランチ機　ジグザグ巻線電機子
(The Electrician, Nov. 1883 より)

ものが作られ、さらに、10000HP 機の製作に取りかかったが、発電所の縮小で中止させられた。この機も構造的には三相機への変換が困難で、三相時代に入り姿を消すことになる。

　話を米国へ移す。初期単相交流機の有力メーカーの一つであるブラッシ社のものを図 1.3.6 に示す（1889 年）。16cp 電球（cp：candle power、広く使用されたサイズの電球で、16cp は 60W 程度）100 個用で、一見したところシーメンス機に似ているが、同機の中央の電機子は固定、これを挟む両側の界磁が回転する。電機子巻線は同図(b)に示すように 6 枚の空心扇形のコイルよりなり、空間の利用を高めている。回転速度は 1100 rpm 以下（110Hz 以下に相当）で、重い界磁を回転させ、フライホイール効果（GD^2）を高め、空心電機子巻線で電圧変動を抑えている。なお、当時は発電機と負荷は一対一の対応なので、周波数、波形は問題にならなかった。

　図 1.3.7 に WH 社の単相発電機を示す（1887 年）。回転電機子構造で、同図(a)に示すような長円形コイルを電機子鉄心上に並べ、これをバインド線で表面上に固着させた構造である。当時はまだ鉄心スロット（溝）に導体を埋め込むことは行われていなかった。この電機子コイルに対して同図(b)のように、固定子側の界磁コイルが配置されている。出力としては、16cp の電球 500、750、1500、3000、6000 個点灯用があり、3000 個用が最も多く使わ

(a) 本体（回転界磁）　　　(b) 固定電機子（扇形コイル6枚）

図 1.3.6　ブラッシ機
(The Electrical World, July 1889, p17 より)

れていた。コイル数は16個で、ベルト掛けによる回転速度は1000rpmなので、この場合の周波数は133Hzとなる。

なお、当時の交流発電機は直流発電機の延長線上で作られているので、回転電機子構造のものが多い。19世紀末になると電力需要はますます増大し、次に述べるような大容量の水力発電所が次々に建設され、火力発電機用原動機も往復蒸気機関よりタービンに変わる。また、電力需要面では、照明から電動力応用へと逐次比重が移り、多相交流の需要が高まった。このようにして、交流発電機は大容量の多相時代を迎えることになる。これに伴い、高電圧大容量の電力を、スリップリングを通して引き出すのは困難になり、現在の回転界磁、固定電機子の構造が定着する。

1.4　二相機、三相機への発展

19世紀末になると多相交流誘導電動機の普及が始まり、電力系統は二相に、さらに三相へと変わった。この経過は次のようであった。なお、多相とは二相以上のことである。

1 電気の発生—発電機　17

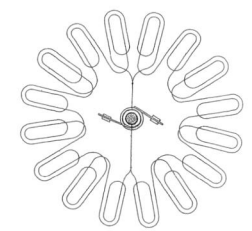

(a) 電機子巻線

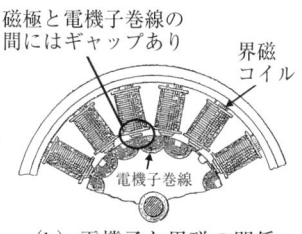

(c) 外観　　　　　　　　(b) 電機子と界磁の関係

図 1.3.7　WH 機
（The Electrical World, Sept. 1887 より）

　米国では前述のようにエジソンとウェスチングハウスとの交直論争があり、結果的にウェスチングハウスが勝つことになるが、単相交流では特性のよい電動機が得られない。性能のよい交流電動機は他相交流で回転磁界を必要とする。

　1887 年、テスラ（Nikola Tesla, 1856～1943、旧ユーゴスラビア、後に米）はAIEE（アメリカ電気学会、現在の IEEE）の会合で、多相交流の論文を発表した。単相交流電動機では直流発電機に対して優位性を見いだせず、交流系統の普及に困難を感じていたウェスチングハウスは多相交流の将来性を見抜き、彼とライセンス契約を結び、顧問として会社に迎え入れ、多相交流技術を導入した。当時は未だ電力より照明の需要が多かったので、回転磁界の発生ができ、単相二回線としても使用可能な二相交流で進められた。一方、欧州では、独、AEG（Allgemeine Elektricitäts Gesellschaft）社のドブロボルスキー（Michail Dolivo-Dobrowolski, 1862～1919、露、後に独）はテスラの二相交流を研究し、二相よりトルクリップルの少ない三相誘導電動機を開発した。彼は

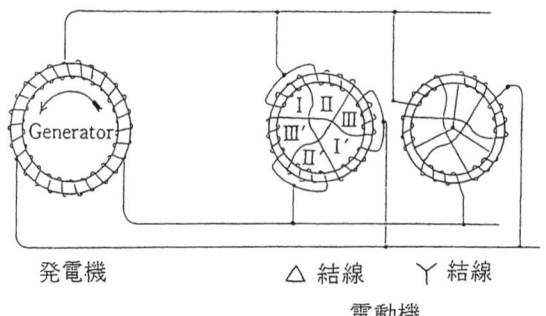

図 1.4.1　ドブロボルスキーの三相システム
(ETZ, 1917 p355 より)

　三相交流を、「回転する電流」の意味を持つ "Dreh-Stroms" と名付けた。二相交流の給電線は四線だが、三相交流の給電線は三線で済む利点もある。当時、三相を得るには直流発電機巻線は閉回路なので、図 1.4.1 に示すように、三等分した点でスリップリングを通じて取り出した。1887 年ハーゼルワンダー（Friedrich August Haselwander, 1859～1932、独）は直流機を修理しているとき、この関係に気付き、直流機はスリップリングを付ければ交流でも使用できることを知った。彼は多相の交流発電機と電動機を開発している。

　1888 年、ブラドリー（C.S.Bradley、米）は上述のように直流機は交流で使用できることを知り、軸の一端に整流子、他端にスリップリングを付けることで、直流と交流相互間の変換可能な回転変流機を開発した。この場合、直流電圧と交流電圧とは一対一の関係になる。例えば当時の電車用に直流電圧 550V を得るのには交流側は 390V になる。図 1.4.2 に示すラマイヤ社（Lahmeyer）のものは、2 個の巻線が独立して巻かれているので、両者とも任意の電圧にすることができる。軸両端に整流子を付ければ直流変圧器に、他端にスリップリングを付ければ回転変流機にもなる。

　なお、現用三相機は Y 結線で、中性点が接地でき、それから零相電流が得られ、故障電流検出、その他に供するようにしている。以下に具体的な発電機構造の発展経緯を、水力発電所用と火力発電所用に分けて述べる。

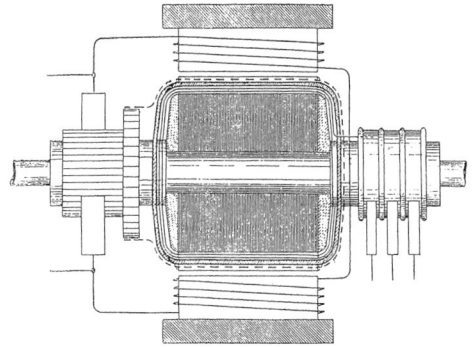

図 1.4.2　回転変流機（ラマイヤ機）

1.4.1　水力発電所用発電機

　三相交流による水力発電機の大規模な試みは、1891年、フランクフルト（Frankfurt）万博で行なわれた。ラウフェン（Lauffen）水力発電所から175km離れたフランクフルト会場まで三相交流で送電し、会場の人工滝用ポンプを100HP誘導電動機で駆動し、併せて会場の照明事業にも供するものである。その回路は図1.4.3に示す通りである。この計画はドイツのミラーによりなされた。発電機はオーストリアのエリコン（Oerlikon）社のブラウン（Charles Eugene Lancelot Brown, 1863～1924）が、100ps（馬力）三相誘導電動機はAEG社のドブロボルスキーが担当した。発電機の定格は下記の通りである。

　　三相-40Hz-300HP-55V-32極-150rpm

　この発電機は最初期のこともあり、図1.4.4に示すように現用機とかなり差異のある構造である。現用機と比較しながらその差異を下記で説明するが、現用機に達するまでに先人たちの考えが色々あったことがうかがわれる。
(1)　縦軸か横軸か
　　発電機としての基本はいずれにしても同じだが、構造は大いに異なる。現用機は水車にフランシス形が多く、水車と直結の縦軸が一般的である。

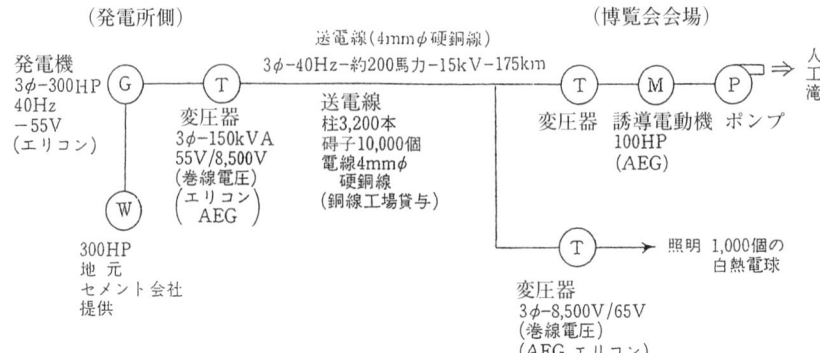

図 1.4.3　ラウフェン―フランクフルト間の電力システム（1891 年）

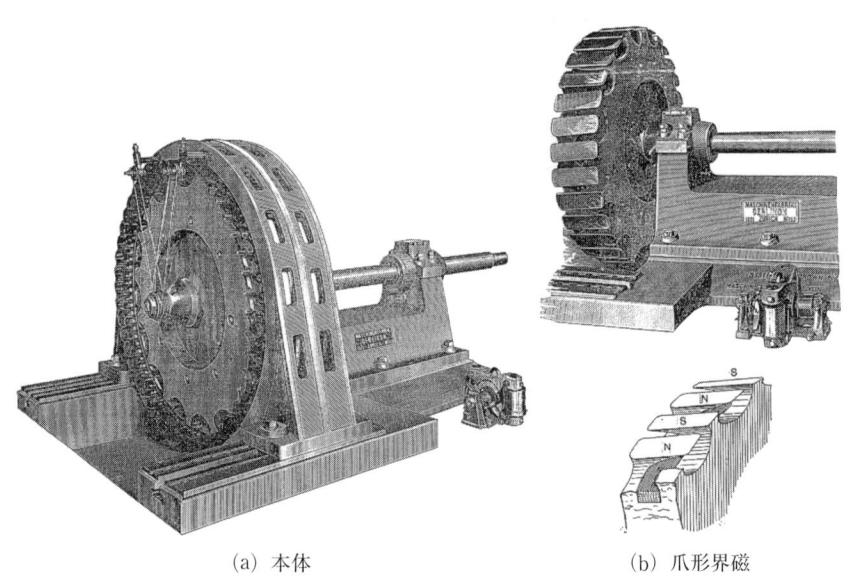

(a) 本体　　　　　　　　　(b) 爪形界磁

図 1.4.4　ラウフェン発電所用発電機
3 φ-40Hz-300HP（220kW 相当）-50V-32 極　150rpm 機
(The Electrician, Aug. 7,1891 p382 より)

当時の回転機は横軸が一般的であり、本機も横軸であり、縦軸形の水車に対して笠歯車を介して連結されている。機械損など不利な点はあるが、分解容易で点検補修は有利だとしている。

(2) 界磁

現用機の回転界磁形は突極構造が一般的だが、本機は爪形磁極で工作が難しく、先端部は渦電流損による過熱があり、汎用機には不向きである。現在では限られた特殊小形機のみに使用されるのみ。

(3) 電機子

32極で巻線導体はアスベスト管で被覆された径29mmの銅丸棒である。この3×32本の導体が電機子鉄心内側周辺に開けられた孔に埋め込められている。従って、密閉溝（Closed Slot）である。太い銅丸棒でも過大な渦電流損は抑えられるとしているが、漏れリアクタンスは大きい。毎極毎溝の導体が一本なので、発生電圧波形は正弦波より離れたものになる。現用機では少なくとも3導体／相（一相あたり3導体）あり、さらに短節巻きで波形改善の考慮が払われている。

話を米国に移す。最初の三相送電は1893年9月に運開した。GE製三相250kW機2台を用い、ミルグリーク（Mill Greek）水力発電所（カリフォルニア）から7.5マイル離れた近郊の町レッドランド（Redlands）まで送電を行った。これより先、WH社は二相交流を始めたことは既に述べたが、1.3でも触れたように、1893年、シカゴ（Chicago）で、コロンブスのアメリカ大陸発見400年を記念して世界コロンブス博覧会（World's Columbian Exposition、シカゴ万国博覧会）が開催された。この博覧会の目玉になったのが、コロンブスの逸話にちなんで出展された「コロンブスの卵」の展示であった。コロンブスは卵を立てるのに卵の端を少しつぶしたが、テスラは卵に何の傷もつけずに立てることに成功した。ただし、この卵は銅でできており、その装置はテスラの発明した二相交流による誘導電動機の原理を説明するもので、アラゴの円板に通じるものである。回転する磁界のうえに卵（銅製）を置くと、卵が回転しながら立ち上がる。この装置は固定された鉄の円環に4個のコイルが巻かれており、そのコイルに交流を流し、回転磁界で卵

が回転しながら立ち上がるという仕掛けであった。

　また、会場照明用電源に 1000HP、12 セットの発電設備を設置することになり、ウェスチングハウスはこれを好機ととらえ、彼の二相システムを積極的に売り込むことにした。WH 社の機器構成は、単相 500HP の発電機 2 台を同軸上に機械的に 90 度の位相差角で取り付け、二相 1000HP の発電セットとしたもので、1000HP 往復運動蒸気機関で駆動し、この電力を会場へ送った。このうちの 1 台を利用し、二相 300HP の誘導電動機駆動の 500HP の交直両用発電機（交流は二相、30Hz、390V；直流は 550V）を設置し、これを電源として二相各種機器の実演展示を行った。電車電源として回転変流機からは直流 500V を給電し、また、昇圧、降圧の変圧器で配電システムを構築し、配電先地点でアーク灯用電動発電機、各種の二相電動機の実演運転を行った。

　彼の二相交流システムは回転変流機を組み込むことで、直流、異周波数や異相数の交流を相互的に連携することが可能となり、万能システムとよばれた。特に当時はまだ広く存在していた直流系統の救済にもなった。実演展示用の電源に 30Hz を使ったのは、WH 社は照明用として 133Hz の代わりに 60Hz を採用したのであるが、60Hz の回転変流機は当時まだ実用化することができず、また、低速大容量機には 30Hz が適したためである。

　これらの成果により、WH 社は 1893 年ナイアガラ（Niagara）発電所向け二相 5000HP 発電機 3 台を受注、さらに 7 台追加で、合計 10 台を製作することとなった。1895 年最初の発電機からの送電が始まった。この 3 年後にナイアガラ第 2 発電所の建設が始まり、GE 社は同定格の発電機 11 台を担当した。さらに 1901 年、カナダ-ナイアガラ（Canadian-Niagara）発電所の建設が始まり、GE 社は三相 10000HP 機 5 台、次いで三相 12500HP 機 2 台、計 75000HP の製作を担当した。発電所の運開は 1905 年、全機設置完了は 1913 年である。

　このようにして、大出力発電所の建設が開幕し、次々に大小水力発電所の建設が世界中で継続された。上記ナイアガラの大型水車発電機の大まかな構造を図 1.4.5 に、また、機器定格と台数をまとめて下記に示す。

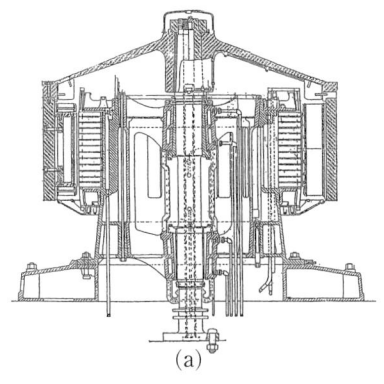
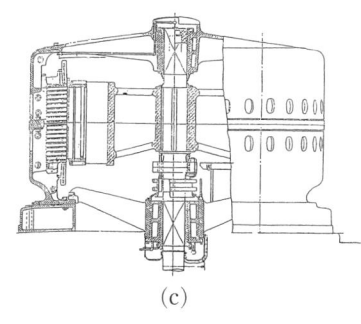
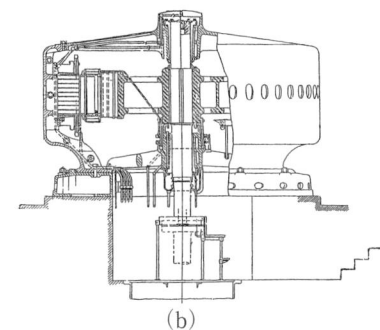

図 1.4.5　大形水車発電機例（傘形）
(a) (b) Niagara　第 2P.S. 用
　　　2 φ -5000HP-12 極 -25Hz-2200V-250rpm
　　　(a) は外側界磁形
　　　(b) は内側界磁形
(c) Canadian Niagara P.S. 用
　　　3 φ -10000HP-25Hz-12000V-250rpm
注 1 (b) (c) は現用機とほとんど同じ構造
　　　　（Electrical World, July 1902 p8, 53 より）

(1) ナイアガラ第 1 発電所用定格：
　　二相、5000HP（3750kW）-2200V-12 極 -25Hz-250rpm 外側界磁　10 台
　　　最初の 3 台と後の 7 台の製作時期を各々第 1 期、第 2 期とする。
(2) ナイアガラ第 2 発電所用定格：
　　二相、5000HP（3750kW）-2200V-12 極 -25Hz-250rpm　11 台
　　　　内 6 台は外側界磁、残り 5 台は内側界磁
　　　前半 6 台の製作時期を第 3 期、後半 5 台の時期を第 4 期とする。
(3) カナダ-ナイアガラ発電所用定格：
　　三相、10000/12500HP-12000V-12 極 -25Hz-250rpm
　　　　10000HP 機は 5 台、12500HP 機は 2 台、第 5 期とする。
　（注）発電機の出力の単位に今は HP ではなく、kVA または kW だが、当時は HP が一般に使用されていた。1HP = 0.75kW で換算されたい。

これら発電機の製作は 1893 年に始まり、最終機の完成は 1913 年である。ナイアガラ全体では 20 年にわたる歴史となる。当然のことながらこの間幾多の改良がなされた。その経験は今日の大容量水車発電機の基本となった。以下その経過について述べる。便宜上、上記のように第 1～第 5 期に区分して記述する。

　全機縦軸傘形構造である。第 1、2、3 期の製品は主軸の頂部から外側回転界磁が傘のようにつり下がっている。この構造は水車のガバナ（調速機）の動作が遅いので、これを補うために大きなフライホイール効果（GD^2）を持たせるためである。なお、現用機では内側回転界磁が一般である。第 1～第 4 の製品は二相機で、第 5 期の製品は三相機、周波数は全機 25Hz である。全機は総合運転可能なように、スコット（Scott）結線で連結している（図 1.4.6 参照）。

　第 1 期製品は当時世界に類を見ない大容量機であり、担当者の苦心の跡が思い知らされる。最外側の回転界磁継鉄となるリングは単一インゴットのニッケル鋼を鍛造したもので、溶接構造でなく堅牢なもの、鋳鉄構造の磁極がボルト締めで取り付けられている。界磁巻線は平角導体を巻いて一体としたもの、冷却は巻線表面からのみで、特別な考慮はされていない。電機子鉄心は積層鉄板構造で、1 インチの通風通路 6 個が置かれている。鉄心を一体にするため、鉄心を貫いてボルト締めにしている。巻線は 1 溝あたり 2 個の導体を納める二層巻である。

　第 2 期製品は第 1 期製作経験を活かし、いろいろ工夫されているが、特に冷却面の改善に力をいれている。界磁巻線には扁平な導体を平打ち巻（Edge-wise Winding）にし、導体側面を冷却空気に直接触れさせることで、冷却効果を高めている。この巻き方は現用機にも広く採用されている。絶縁にはマイカを主体とし、シェラックワニスで固めている。電機子鉄心の締め付けに積層鉄板を貫通するボルトを使用せず、クランプ締めとした。通風通路も第 1 期製品の 1 インチ幅の 6 個の代わりに 1/2 インチ幅の 12 通路とし、冷却効果を格段に高めた。巻線は溝数を増加し、1 溝あたり 1 導体の 1 層巻きとし、半開放溝（Semi-enclosed Slot）に納めた。これにより、第 1 期製品に比べて 25% 銅量を減じることができた。第 1、第 2 期製品ともに半開放溝を使

1 電気の発生―発電機　25

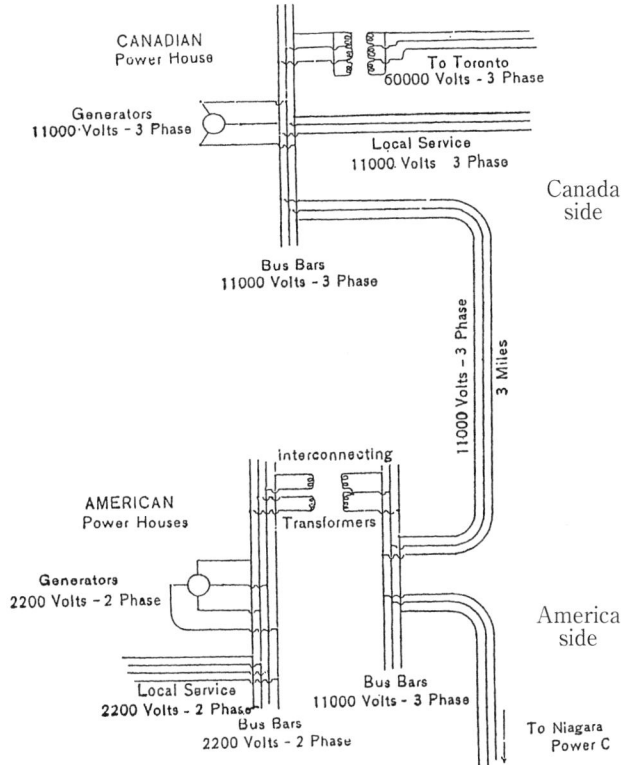

図 1.4.6　ナイアガラ発電所連系図
（Electrical World, July 1902 p53 より）

用したため電圧変動率は大きい。これは第3期以降の課題として残された。
　第3期製品は GE 社が担当した。発注者の意向は WH 社の第1、第2期製品の外形、配置は同じにするようにというものであった。このため、外側界磁構造ではあるが、種々改善がなされている。特に、電圧変動率の改善がある。電機子巻線は開放溝1溝あたり2導体とし、界磁の磁極は積層鉄心とした。これにより負荷損を著しく減じることができた。その他、冷却通路の改善で、その効果を高めた。

第4期製品は第1〜3期製品と全く違った構造で、傘形だが内側回転界磁である。現用機はこの構造が一般である。水車のガバナ動作が改善され、発電機のフライホイール効果（GD^2）を過度に大にする必要がなくなった。電機子鉄心には多数の通風通路を設け、冷却には十分な配慮がなされている。巻線は1開放溝あたり2個の導体が納められている。

　WH機は半開放溝で、鉄損軽減には多少の利点があっても、成形されたコイルの溝納め作業は難しく、漏れリアクタンスを増大、電圧変動率を大きくした。現用大型機では、開放溝が一般である。導体が鉄心溝より出た部分は支持固定し、過電流、故障電流に耐える構造にしている。

　上記のような諸改善により、第4期製品は現用機の標準的構造を持つようになった。

　残された課題は諸性能や運転時の安定度の向上、大容量化などである。定態安定度の向上は正相リアクタンスを小にし、短絡比を大にすることは有効であるが、程度を過ぎれば鉄機械となり、高価なものになる。負荷の急変により起こる乱調対策に制動巻線がある。大容量化では、米国の例では、1916年に31000HP、1924年には70000HP、1933年には115000HPと進んでいる。現在では、1000MVAに近いものが作られている。例えば、南米ベネズエラのグリ（Venezuela Guri）発電所には下記の諸元のものが運転中である。

　三相、60Hz-700（max805）MVA-18kV-64極-112.5rpm（図1.4.7）

　当時世界最大級であったナイアガラ（Niagara）機と比較すれば、百年の間に百倍の出力になった。隔世の感を強くする。

　なお、国産機では、大正時代（1911〜1925年）に10MVA程度までの製作経験を積み重ね、1939年には当時世界最大級の水豊発電所の100MVA機を完成させた。戦後の一時停滞時期はあったが、世界に肩を並べることができる技術を確立し、国内はもちろんだが、かつてはこの分野で先進国であった欧米を含む世界各国へ輸出している。上記グリ（Guri）機もその一つである（図1.4.7）。

1　電気の発生―発電機　27

(a) ステータ（固定子）粋
（直径約 16.6m、鉄心とコイルを組立後の重量 740t）

(b) ロータ（回転子）
（直径約 13.7m、重量 1,290t）

図 1.4.7　ベネズエラのグリⅡ発電所水力発電機（容量 805MVA）

1.4.2　火力発電所用発電機

　初期の火力発電所の原動機は往復駆動蒸気機関なので、発電機は低回転速度、多極機で、基本的には横軸の従来機と変わらない。図 1.4.8(a)にその例を示す。19 世紀末になると蒸気タービンが登場し、上記蒸気機関に代わった。その理由は前者の蒸気機関の熱効率が悪く、振動と騒音に周辺の苦情が絶えず、大きな図体は広い据え付け面積を必要とするからである。一方蒸気タービンは高回転速度で、原動機も発電機も小形、軽量、据え付け面積も小さく、回転体のみの構成なので、振動騒音が少なく、しかも熱効率は格段に高い。最新鋭機では 40％を超える。同図(b)に初期の一例を示す。(a)(b)両者を比較されたい。

　最後の大容量往復運動蒸気機関の発電所は、英国グリニッチのトランウェイ（Greenwich Tramway）発電所で、三相、3500kW-25Hz-6600V 発電機 4 台であるが、後の増設分 20000kW はタービン駆動のものとなった。古い 4 台は 1922 年スクラップとなった。なお、25Hz を用いたのは交通機関用電源のためであると思われる。

　現用タービン発電機（Turbo-generator）は 2 極機で、回転速度は 3000/3600rpm（50/60Hz）である。界磁回転子は遠心力に耐えるように、高度の技術を必要とする。1900 年代初期には蒸気圧、温度はそれほど高くなく、

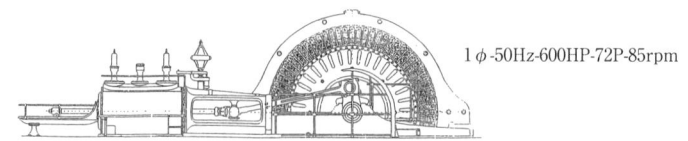

(a) 往復運動蒸気機関と多極発電機（Electrician, Nov. 1891 p37 より）

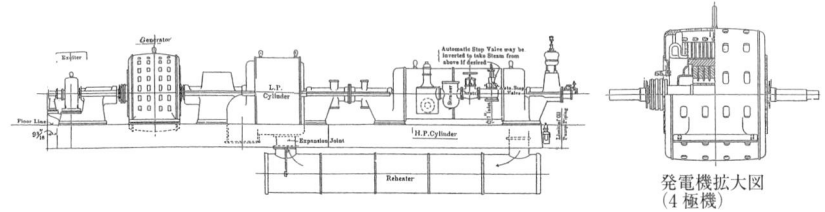

(b) 蒸気タービンと4極発電機（Electrical World, 1903 p669 より）

図 1.4.8　原動機と発電機の組み合せ例

容量も5000kW程度までなので、多くは4極または6極で、回転速度も1500/1800または1000/1200rpm（50/60Hz）で製造された。図1.4.9(a)(b)(c)にその例を示すが、三相4極機で固定電機子巻線は一溝あたり一導体ではあるが、等価的には重ね巻きの要素を備えており、発生電圧が正弦波となる考慮が計られている。4極の界磁回転子は突極機構造で、遠心力に対する強化は考慮されているが、水車発電機などの従来機の延長技術上でできる程度のものである。参考として、6極機の界磁構造も図1.4.10に示す。具体的に述べると、磁極を取り付けるリング状継鉄は軸と一体の鋳造鋼で、磁極はダブテイル（Dove Tail、鳩の尾羽）またはTヘッドでこれに固着する。巻線はナイアガラ機で説明した扁平導体の平打ち巻（Edge-wise、エッジ-ワイズ巻き）である（図1.4.11(a)参照）。

　初期の時代にも小容量の2極機は作られていたが、本格的にも大容量2極機が作られるようになったのは1930年代以降である。界磁回転子は高速回転速度の遠心力に耐えるように非突極機（Non-salient）構造となっている（図1.4.11(b)）。具体的な構造は種々ある。例えば、磁極となる鉄心円筒本体は多数のリング状円板を軸に差し込み、両方向から締め付け一体とした鋼板組立て式、中央鉄心部と両軸端部との三つに分けた三部組立などがある。現

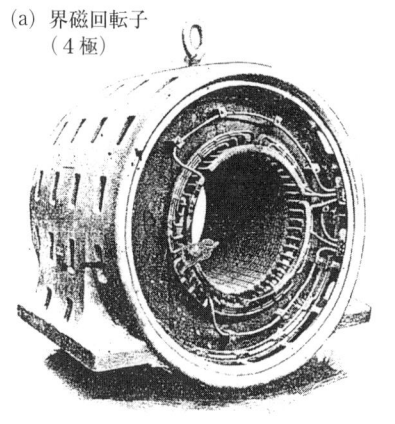

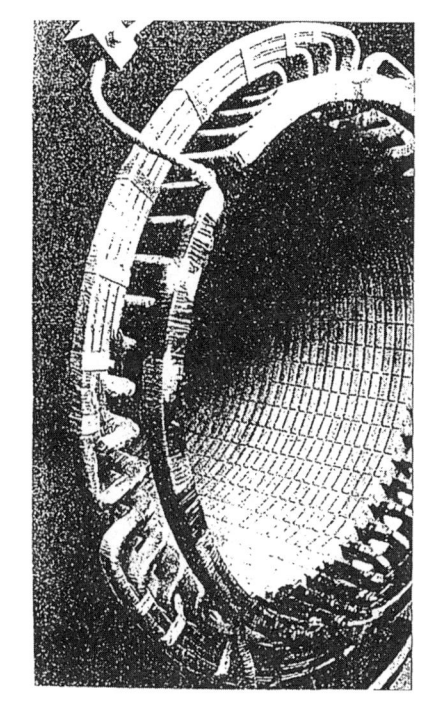

(a) 界磁回転子
　　（4極）

(b) 電機子　　　　　　　　　　　(c) 電機子拡大図

図 1.4.9　1000kW　タービン発電機の例
（Electrical World, 1903 p669 より）

用大容量機では単一鋼鍛式（Solid Forged Rotor）が一般で、丸打ち回転子と呼ばれる。鋼材には例えば、Ni、Cr、Mo、V 鋼などの高張力鋼が用いられる。円筒状に単一鍛造したもので、これに長手方向に溝を掘り、これに扁平な銅帯を Edge-wise 巻にし、ターン間を絶縁して積み重ねて作られた界磁巻線を埋め込み、くさびで押さえ本体表面を円滑にし、空気抵抗を減じている。タービン発電機も 1000MW 時代、ここに至る過程を若干述べておく。回転子本体は高張力鋼で作られているとはいえ、3000/3600rpm 機では、その直径は 1m を若干超える程度が限度、長さは回転時の横振れ振動を最小にすることで、一次と二次固有振動数の間で運転されることから、おのずと制限がある。この限られた空間の中で、最大電力を出すように設計することに

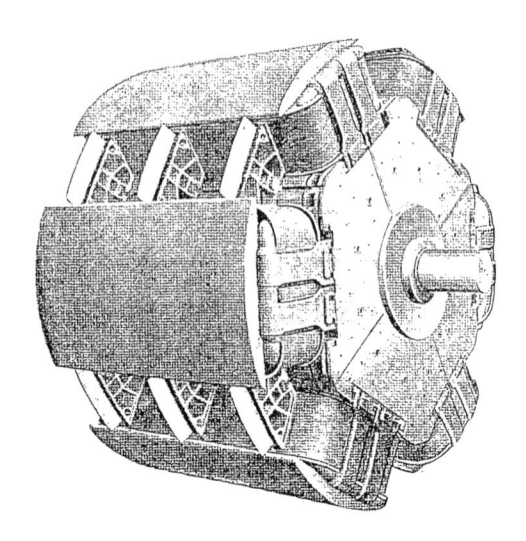

図 1.4.10　界磁回転子（6 極機）
(Joan Frank Inst, 1905 p270 より)

なる。
　言い方を変えると、無理やりに界磁回転子に磁束を埋め込み、タービンからの動力を電機子からの電力として引き出すことになる。この達成には界磁、電機子とも強力な冷却が必要である。
　100MW 級までは空気中で回転する空冷が可能であるが、さらに大容量化するには水素冷却が用いられる（図 1.4.12）。水素ガスを冷却媒体として用いる利点は空気に比し、水素の密度は約 7%、熱伝導率は約 6.7 倍であるから、水素ガス中で回転すれば風損の低減、高い冷却効果が期待できる。
　界磁巻線は低電圧なので、巻線内に水素ガスを押し込み、流通させ、水素ガスを銅帯表面に直接接触させることで、冷却効果を高める。電機子巻線は角状銅管を用い、これに冷却水を流し込む。このような冷却媒体の直接冷却で 1000MW 級機の実現が可能となった。
　以上のような経緯で達成したタービン発電機は当然のことながら水車発電機とは特性に差異がある。特に運転上重要なものとして、安定度に関する短絡比で、後者の約 1.0 に対して前者は 0.5〜0.6 と小さい。フライホイール効

果（GD^2）も小さい。しかし、これらは運転上それなりの対策がなされており、ただちに問題になることはない。

なお、原子力発電所用の発電機は蒸気温度、圧力が低いので、4極機が一般である。

（図1.4.11と図1.4.12は電気学会の御好意で同学会出版の電気機器工学Ⅰ（尾本、山下、山本、多田隈、米山）より転載したものである。）

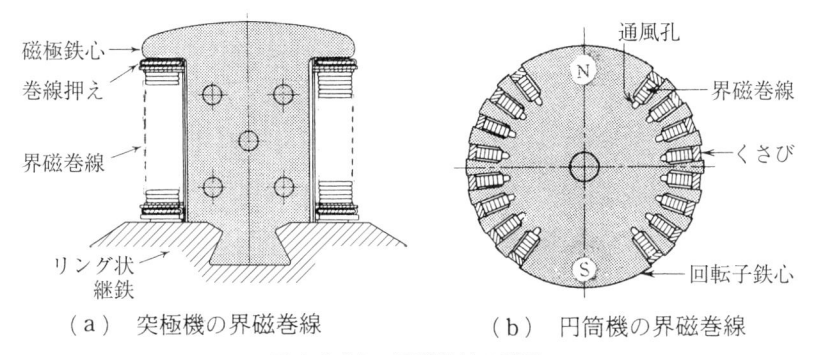

（a）突極機の界磁巻線　　（b）円筒機の界磁巻線

図 1.4.11　界磁巻線の構造

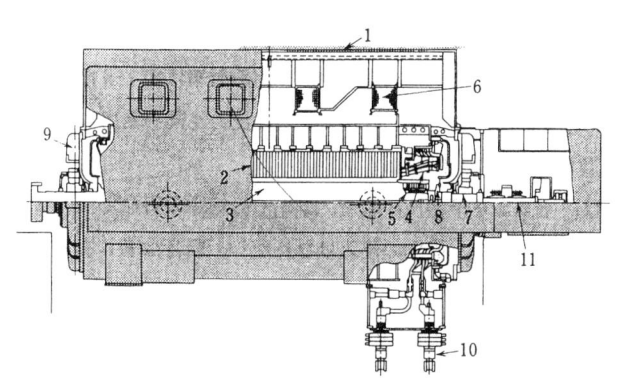

1：固定子わく　　5：回転子コイル　　8：ブロア
2：固定子鉄心　　　とブラシ　　　　9：ブラケット
3：回転子　　　　6：ガス冷却器　　10：ブッシング
4：固定子コイル　7：軸受メタル　　11：スリップリング

図 1.4.12　直接冷却タービン発電機の構造

2 電気の供給

　発電した電気の利用にはその供給システムが必要である。この供給システムの中で、機器として、変圧器と系統保護装置の遮断器と避雷器について述べる。電気の事業用利用の始まりは、電信と照明である。照明はアーク灯から快適な白熱電灯に移り、街路、駅、公園、展示場などの公的スポットから一般家庭を含む不特定多数の需要家へと拡大した。さらに電動力応用面への拡がりもあり、電力供給は増大の一途をたどることになる。最初の電気の供給は直流でなされたが、電力量の増大と供給範囲の拡大で交流での供給に移った。交流も最初は定電流、次いで定電圧供電へと変るなど、その流れは安易なものではなかった。最初の定電圧変圧器を開発したのは、ハンガリーのガンツ社（Ganz Electric Works）である。1885年、ブダペストで開催されたハンガリー博覧会の会場照明電源に彼らは交流給電を行うが、これに使用した変圧器は万一故障しても取り外せば済むように60/60Vとし、人目に付かないように牛舎に設置し、周到な作業で実施したとのことである。

2.1　変圧器

2.1.1　ファラデーの誘導線輪から定電圧変圧器まで

　変圧器の芽生えは1831年にファラデー（Michael Faraday, 1791～1867、英）が電磁誘導現象を実験で確認したモデルである誘導線輪（図2.1.1）に始まる。直流で高電圧を発生する感応コイルの原理は図2.1.2である。両者とも変圧器の要素である、鉄心、一次と二次の巻線を持つが、交流電圧を上下させる機能を持たず、変圧器とは言い難い。変圧器の魁となるのは前述（1.3 初期の交流発電機）のヤブロチコフの電気キャンドル用直列変圧器である。この照明の小形で柔らかい光のアーク灯は人々を魅了し、1880年前後に広く普及

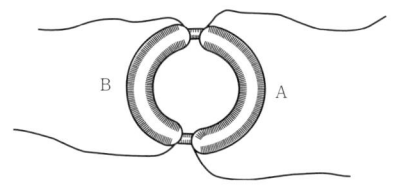

図 2.1.1　ファラデーの誘導線輪

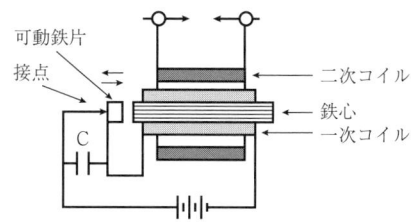

図 2.1.2　感応コイルの原理図
可動鉄片の鉄心への吸着、開放により回路が断続し、二次コイルに高い電圧が発生する。

した。灯1個の電圧は低いので、何個か直列で使用するのが一般的であった。この場合、1個が切断の状態になっても、他の灯に切断の影響が及ぼされることがないように、図2.1.3に示すように、各灯にそれぞれ直列変圧器を入れ、それらの一次巻線は直列結線とし、電源に接続し、二次巻線で各灯に給電するようにしていた。この変圧器には電圧を上下する機能はない。

変圧器本来の機能の低い電圧を高い電圧に上げ、電力を遠方に送電し、その地で負荷に適合した低い電圧に下げることを目的に作られた最初のものは、ゴーラール（Lucien Gaulard, 1850～1888, 仏）とギブス（John Dixon Gibbs, 1834～1912, 英）の定電流直列変圧器である。まず、彼らの交流システムについて説明する。

1880年代初期のスワン（Joseph Wilson Swan, 1828～1914, 英）、エジソン（Thomas Alva Edison, 1847～1931, 米）の白熱電球が実用化される以前はアーク灯が用いられていた。アークの性質から定電流電源が望ましく、直流も交流も定電流発電機が用いられた。彼らのシステムも定電流で、広範囲の送配電を目指し、送電には電圧を高めるために、配電には電圧を低下させるために変圧器を用いた。

図2.1.4に示すように多数の変圧器の一次巻線を直列に接続し、これに発電機からの定電流を流す。鉄心は開放磁気回路（棒状鉄心）なので、無負荷時でも十分な電流、例えば10Aが流れる。これに複数個に分割した二次巻線を結合すれば、その各々の負荷に必要な電流を流すことができる。負荷よりみれば、二次巻線はあたかも電流供給源のように見えるので、この変圧器

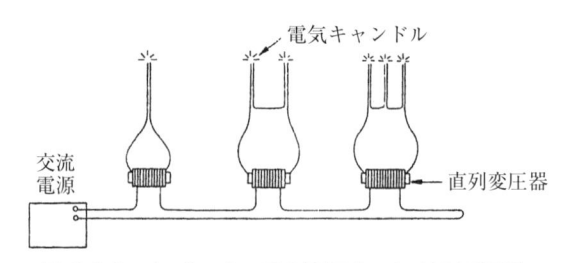

図 2.1.3　ヤブロチコフの電気キャンドル回路図

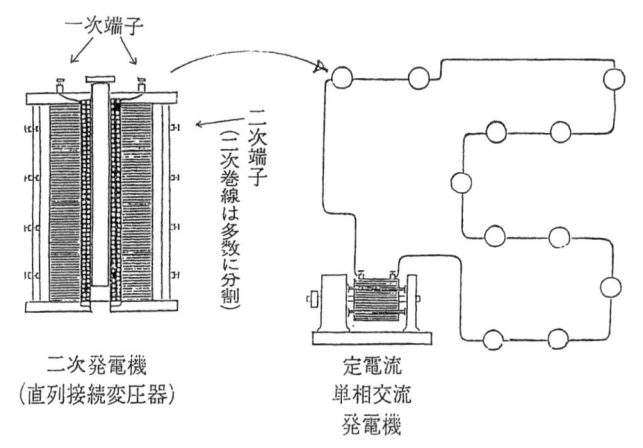

図 2.1.4　ゴーラールとギブスの定電流直列接続単相交流システム

を二次発電機 (Secondary Generator) と名付けた。図 2.1.5 に一例を示す。

　1884 年イタリアのトリノ博覧会で、トリノ-ロンゾ (Turin-Lonzo) 駅間、その周辺を結ぶ 40km に 2kV で 20kW の送配電を実施した。結果は、将来、広範囲の電灯普及に寄与するものとして高い評価を受けた。

　彼らのシステムは広範囲の送配電を可能とすることから、ヨーロッパ各地において実規模で実施された。中でもロンドンで使用されたものが有名で、1883 年ロンドンのグロスブナーギャラリー (Grosvenor Gallery) に、1000kW、1200V の彼らのシステムを設置し一般の需要に応じた。初めは順調に運転できたが、不特定多数の需要の増大に伴い電圧変動が著しく、電灯の明るさが変わり、悪いことに事故の続発で、需要家たちの激しい苦情を受けた。

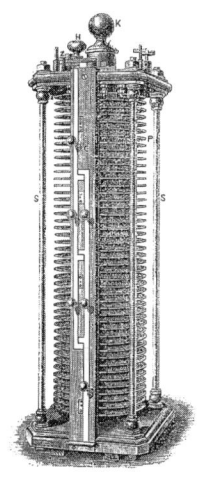

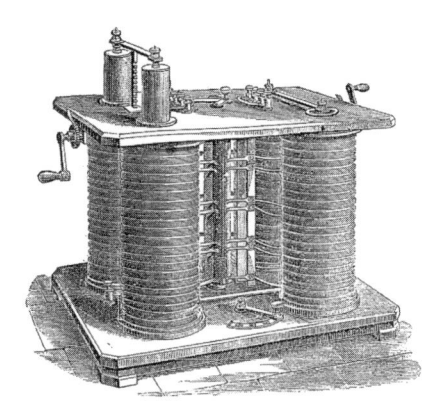

(a) トリノ博に使用のもの　　(b) ロンドンの水族館で展示のもの
　　（1884年）　　　　　　　　　一次直列接続した鉄心を抜き差しして
　　　　　　　　　　　　　　　　電圧調整する

図 2.1.5　ゴーラールとギブスの二次発電機（Secondary Generator）
（Electrician, Feb.10 1888, p344 より）

　このシステムの原理について図 2.1.6 を用いて検討してみる。発電機からの供給電流は I_0、このうちの励磁電流を I_{exc} とし 90 度遅れとする。一次に換算した一次負荷電流を I_{eff} とし、力率（Power factor）pf = 1 とする。I_0 は定電流なので、I_{eff} が I'_{eff}、I''_{eff} と増大するのに伴い、円周上を I'_0、I''_0 と移動し、I_{exc} は I'_{exc}、I''_{exc} と減じていく。I_{eff} の変化に対する I_{exc} の変化の割合は I_{eff} の値が大きくなるに従って大となる。I_{exc} は鉄心内磁束量に比例するので、不特定需要家の負荷が増大し、その変動が大になれば電圧変動も大となり、電灯の明るさも大きく変わる。当時力率の概念が希薄で、負荷の増大は鉄損を減じるとの利点を挙げているが、電灯の明るさが大きく変わるので欠陥システムといわざるを得ない。これに対して現れたのが定電圧システムである。
　定電圧変圧器を最初に実用化したのは、ハンガリーのガンツ社である。同社のブラスィー（Otto Titusz Blathy, 1860〜1939、ハンガリー）はかねてより開放磁気回路鉄心に疑問を持っていたので、前述のトリノ博を訪ね、ゴーラール氏になぜこのような鉄心を利用するのかを尋ねた。返事は閉回路のも

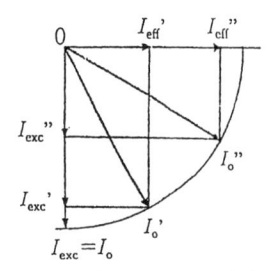

図 2.1.6 ゴーラールとギブスの
　　　　　二次発電機の動作図

のは有害で、経済性が低いということであった。確かに、閉磁気回路では十分な二次電流が得られない。しかし、定電圧回路では話は別で、無駄な励磁電流は少ないほうが好ましい。彼は会社に戻り、ツペルノウスキー（Karoly Zipernowsky, 1853～1942、ハンガリー）、デリー（Max Deri, 1878～1938、独）らと協力して、初めて定電圧用磁気回路変圧器を開発した。負荷の変動による電圧変動は少なく、効率向上にもつながり、今日の一般変圧器の先駆となるものであった。初めて"Transformer"（変圧するという用語を用いた）と呼称した。ガンツ社が1884年に作った最初の製品は単相で、一次、二次巻線ともドーナツ状円形コイル状に巻き併せ一体とし、その外周にトロイダル状に鉄線を巻いた、図2.1.7(a)のようないわゆる外鉄形で、定格は40Hz-1600W-120/70V-116/194Aであった。この変圧器は、1885年、ブタペストで開催された博覧会に展示され、照明電源として使用されて大成功を収めた[1]。実用変圧器の世界初適用であるといえる。この発明は交流電力系統の高電圧・大容量送電システム化の出発点になった。しかし、この構造は巻線の温度上昇が高くなり、冷却に苦慮したので、やがて、内鉄形構造に変更した。鉄心には鉄線をドーナッツ状に束ねたものを用い、これに一次、二次巻線を巻いた内鉄形のもので、図2.1.7(b)に示す。

　話を英国に戻す。グロスブナー（Grosvenor）での苦情解決のため、1886年、フェランティ（Sebastian Ziani de Ferranti, 1864～1930、英）を主任技師として招き、対策を委ねた。彼は定電流方式から定電圧方式に変更し、シーメンス（Siemenns）社製発電機が2組の1200Vの巻線を持っていたので、これを直列にし、2400Vとし、ロンドンの市街地に送電した。そして、彼が設計した定電圧変圧器を用い、並列接続で給電、二次は100/50Vで一般需要家に配電した。さらなる需要に応じるため、1887年、会社は新たにロンドンの中心より8マイル離れたデプトフォード（Deptford）に発電所を建設、図2.1.8に示すように10kVの地下ケーブルで市内のトラファルガー（Trafalgar）変電所に送電、2400Vに落とし、一般需要家へ100Vで送る送配電システム

(a) 外鉄形 1884 年

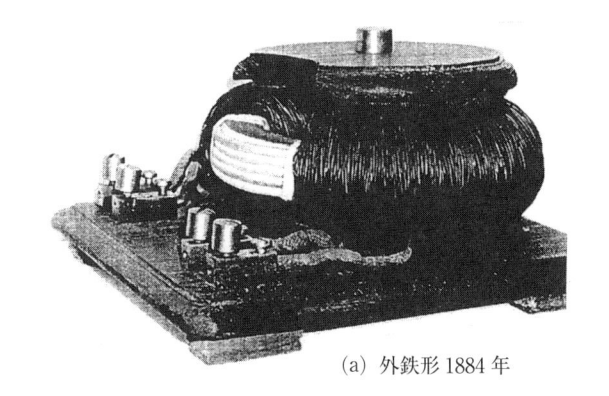

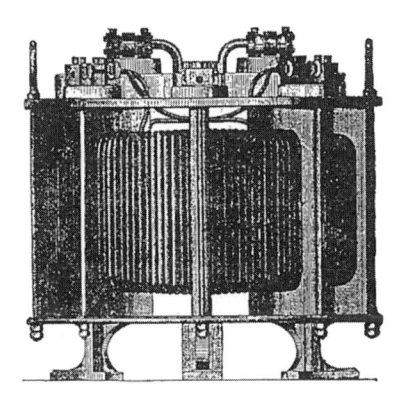

(b) 内鉄形 1890 年
図 2.1.7　ガンツ社製変圧器

を構築した。図 2.1.8 に系統図を、図 2.1.9 に使用された変圧器を示す。

次に米国の事情を述べる。ウェスチングハウス（George Westinghouse, 1846〜1914、米）は白熱電球による照明の優秀性を見抜き、この分野への進出を狙った。すでに、エジソンが直流で白熱電灯照明に確固たる立場を築いていたので、交流で挑戦することにした。まず、1884 年、スワンの白熱電灯の特許を持つスタンレー（William Stanley, Jr, 1858〜1916、米）をピッツバーグ（Pittsburgh）工場に招致した。また、London Technical Journal のゴーラール（Lucian Gaulard, 1850〜1888、仏）、ギブス（John Dixon Gibbs, 1834〜1912、英）の記事を見て、交流なら高い電圧にすることが容易で、細い電線

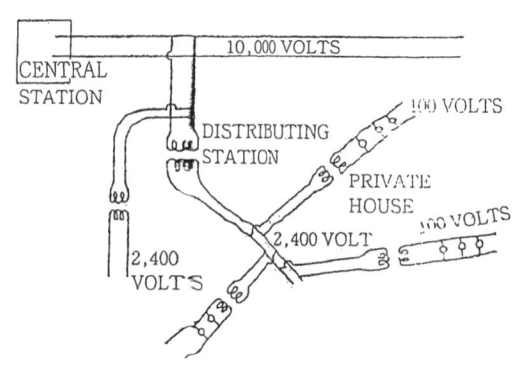

図 2.1.8　デプトフォード−ロンドン系統ロンドン市内配電図

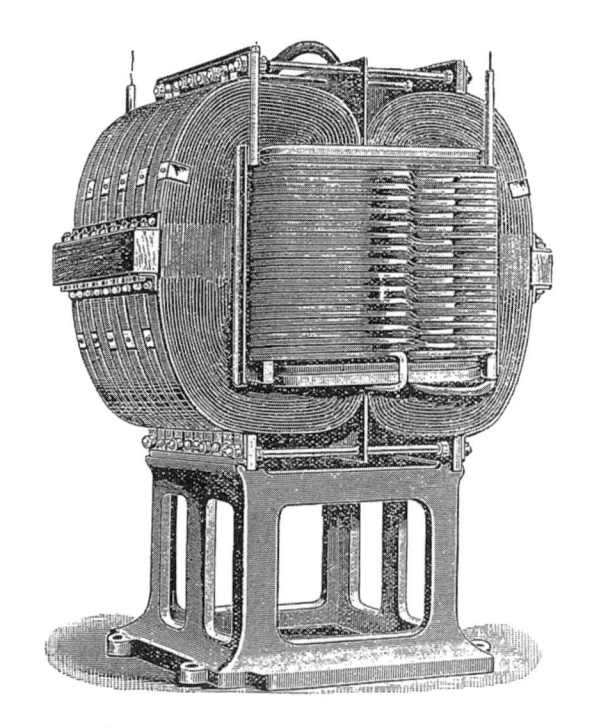

図 2.1.9　デプトフォード系統に使用されたフェランティ社の変圧器
一次 5000／10000V、二次 2400V

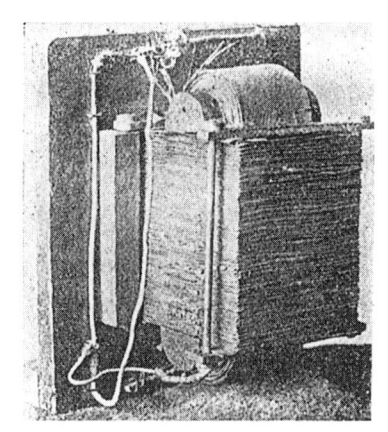

図 2.1.10　米国最初のスタンレーの変圧器
3000V／500V（1885年）

で長距離送電が可能であり、経済的に給電システムを組めることを知った。そこで、彼らのシステムの特許使用権と関連機器一式を購入し、その性能をスタンレー（William Stanley, 1858～1916、米）に検討させた。「彼らのものは定電流、直列接続なので実用的でないが、定電圧の並列接続にすれば有用である」というのが彼の答えであった。

　1885年スタンレーは体調を崩し、グレートバーリントン（Great Barrington）に保養転地するが、体調が回復したので、ウェスチングハウスより貸与してもらった機器などを用いて、同地に研究所を開いた。目標は研究所から町の中心へ送電し、商店、病院、電話局など20棟を点灯することで、送電電圧は3000Vであった。これを図2.1.10に示す3000/500Vの定電圧変圧器で昇圧降圧を行った。1886年ウェスチングハウスは上記諸設備が順調に運転しているのを見て、交流での電灯事業に確信を持ち、商業生産に踏み切った。

　以上のような経過をたどって、欧米ともに今日の電力系統で使用されている定電圧変圧器が定着することになった。

　変圧器は鉄心と巻線の組み合わせで成立しており、多種多様の構造のものが作られている。図2.1.11に示すのもその例で、特に初期のものでは回転電気機械に発想を求めたものもある。同図(a)はシーメンス社のシャトル

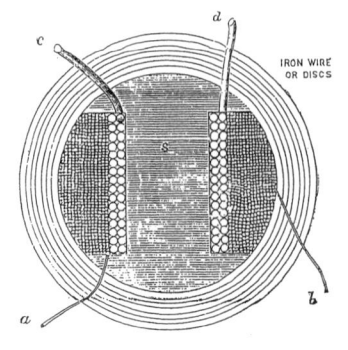

(a) シーメンスのシャトル構造利用　　(b) パチノッチリングを利用
図 2.1.11　初期の回転電気機械鉄心の発想を基にした変圧器

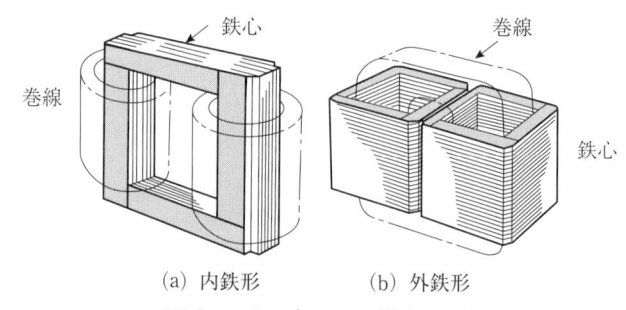

(a) 内鉄形　　(b) 外鉄形
図 2.1.12　変圧器の構造 2 種

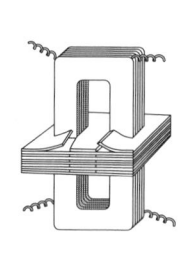

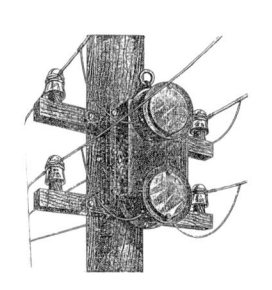

(a) 本体中身（外鉄形）　　(b) 組立方法　　(c) 柱上の取り付け状況
図 2.1.13　WH 社の 1890 年頃の柱上変圧器
一次 1000V-二次 50V（10〜40 灯用）
(The Electrican, 1890, p646, 647 より)

(Shuttle）構造を、同図 (b) はパチノッチリング（Pacinotti Ring）をもとに作られている。しかし、19 世紀末には図 2.1.12 に示す内鉄形と外鉄形にまとまってきている。図 2.1.13 に WH 社の初期の変圧器を示す（1890 年頃）。

　我が国の変圧器は海外製品の模倣から始まっている。変圧器が我が国に初めて登場したのは、1889 年大阪電灯が 125Hz，1000V で 500 灯用の 30kVA の発電機をアメリカから輸入し、交流配電の運転を開始した時からで、変圧器はイギリス製が輸入されている。

　国産初の変圧器は 1883 年に三吉正一が創立した三吉電機工場がイギリス製の変圧器を模倣して 1893 年に製作したものと伝えられるが、三吉電機は 1898 年に閉鎖されたため詳細な記録は現在では明らかではない。これは現在の形の変圧器が世に出た 1885 年のハンガリーのガンツ社の変圧器から 8 年後のことである。東芝の前身の芝浦製作所では、この翌年の 1894 年から、イギリスのフェランティ社の製品を模倣して単相 0.375～10kVA、三相 1～30kVA の 1000V または 2000V から 100V へ降圧する変圧器の製作を開始している。1895 年には、京都で開催された第 4 回内国勧業博覧会にその製品を出品している。この変圧器は気冷式で細長い形状をしていたため、石塔型と呼ばれていたが、現在では写真も残っておらず、その形状を確認することはできない。当時のフェランティ社の製品写真は図 2.1.9 に示したものである。続いて 1897 年には明電舎も変圧器の製作を始めているが、容量は 10 燭光 50～100 灯用としている。

　このような模倣時代を脱却して、独自の設計を進められるようになったのは 1900 年、アメリカのワグネル変圧器会社に勤務していた飯島善太郎が帰国し、芝浦製作所に入社してからで、アメリカ式の油入変圧器を独自設計で導入した時に始まる。飯島は配電用だけではなく、試験用変圧器や特別高圧用変圧器も製作し、1903 年には 50kV，4kVA の試験用変圧器も製作し、翌年セントルイスで開催された万国博覧会に出品し、金牌を獲得している。1900 年代に入ると電力用としての需要が増え、特別高圧による長距離送電も開始され、変圧器の高電圧、大容量化が求められるようになった。1905 年には 11kV、150kVA の最初の特別変圧器を甲府電力向けとして製作している。なお、日本における特別高圧の導入は 1899 年であり、これらの変圧

器にはアメリカ製が使用されている。1908年には、芝浦製作所が44kV、500kVA変圧器を箱根水力電気に納め、1909年には横浜電気保土ヶ谷変電所に、外鉄形水冷式単層44kV、1500kVA変圧器を納めている。この変圧器は純国産で、真空乾燥が初めて適用された画期的な変圧器である。また、1908年には日立製作所が、1910年には三菱電機が変圧器の製作を開始した。

この当時は鉄心材料としては薄板軟鋼板が使用されていた。1909年、芝浦製作所はアメリカGE社と技術提携を結び、1911年から設計にGE社の設計技術を取り入れ始め、イギリスからケイ素鋼板を輸入し、まず柱上変圧器に適用した。1911年からはアメリカ、アレガニー社製のケイ素鋼板を輸入し、さらに変圧器油も輸入して、3300V以上には油入変圧器を、2200V以下には乾式を適用するようになった。また、500kVA以上には外鉄形を適用した。1910年以降はケイ素鋼板と絶縁油の適用による変圧器の高電圧大容量化の時代に入った。それまでの大容量変圧器は外鉄形で製作されたが、1919年GE社が内鉄形変圧器に転換した。これは、GE社が巻線間の油ギャップを絶縁筒で仕切ったバリア絶縁方式が、絶縁耐圧向上に有効であることを見出して、内鉄形に変更したことによる。その関係で、芝浦製作所も中容量変圧器から順次、内鉄形変圧器の製作に入った。

20世紀初期には、数万V、1000kVAのものが作られている。この時代のものには油入外鉄形のものが多くみられたが、その後、電圧が高く、容量も大きくなるに従い、絶縁構造の簡略な油入内鉄構造のものが主流になった。当初はアメリカ製の変圧器が使用されたが、1926年に日本電力岐阜変電所向けで初めて国産の154kV、6.667MVA変圧器が使用され、その後はほとんど国産変圧器が適用されるようになった。

図2.1.14に内鉄形変圧器の鉄心と巻線の構造断面図を示す。以下に述べる計算例はこの構造をもとに検討を進める。

2.1.2 変圧器の本体と特性を決めるもの

変圧器は磁気と電気の相互作用で成立している。前者に重きを置いたものは鉄機械と呼ばれ、重量は重く、低インピーダンス（％IZ）、後者に重きを置いたものは銅機械と呼ばれ、軽量、高インピーダンスになる傾向がある。

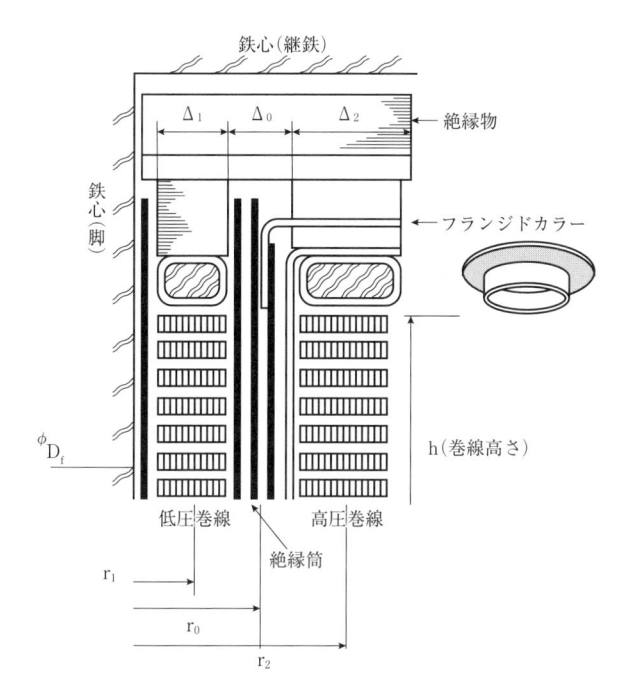

図 2.1.14　内鉄形変圧器絶縁構成図
（鉄心と巻線の構造断面図）

　実際の変圧器はこの傾向を勘案しながら、要求される特性、特に％ IZ に対応するように構成される。実際に設計を始めるに際しては、何か見当となるものがほしい。目安として一回巻きの電圧（一巻回電圧：One Turn Voltage）e がある。

　多くの製作経験から、内鉄形変圧器では下式が示されている。

$$e \cong 0.025\sqrt{P} \text{ (V)} \tag{2.1.1}$$

　ただし、P：鉄心の一脚あたりの変圧器容量（VA）

　次に、％ IZ は変圧器にとっては重要な値である。高ければ負荷の変動に対し電圧変動が大きく、低すぎれば短絡事故時に大きな電流が流れ、電磁力による巻線の破壊に影響する。実際の値として、低電圧小容量のものでは数％、高電圧大容量のものでは10％を上回る程度に抑えられている。一般にインピーダンスは実数部 IR 分と虚数部 IX 分から成り立つが、ここでは、

IXに対してIR分は小さいので、IZ = IXとして差し支えない。

IXの値は一巻回電圧eと巻線の形状で決まるが、下記に示すように巻線の高さhにも強く関係する。

$$\%IZ = \frac{IX}{V} = \frac{49.6Pf\left[\Delta_0 r_0 + \dfrac{\Delta_1 r_1 + \Delta_1 r_2}{3}\right]}{e^2 h \times 10^3} \quad (2.1.2)$$

ただし、P：一脚の容量（kVA）
　　　　f：定格周波数
　　　　e：一巻回電圧
　　　　Δ_0、Δ_1、Δ_2：主間隙幅、低圧、高圧巻線巻厚（図2.1.14参照）
　　　　r_0、r_1、r_2：主間隙半径、低圧、高圧巻線巻半径
　　　　　h：巻線高さ（単位：cm）

これまで述べた諸事項を具体例で説明する。

（例）米国で超高圧220kV送電が開始した頃の変圧器として下記がある。
（Electrical Journal Nov, 1923, pp401、および、同 March, 1922, pp9055）
　WH社製、Mt.Shasta Power Co.向け
　　単相(1φ)-60Hz-16667kVA（バンク容量 5000kVA）
　　一次巻線　　11000V（Δ形結線）-1515A
　　二次巻線　　220000V（星形結線）-131A
　　内鉄形二脚鉄心（内部本体写真　図2.1.15）
　　鉄損　0.4%（67kW）
　　効率　99%を少し上回る
　　中身重量　29トン、タンク重量　17トン、総重量　79トン

これらの数値をもとに、大胆に中身本体の再構築設計計算を試みる。与えられたデータだけでは十分ではないので、当時の技術水準を斟酌し適宜常識的な数値を補充する。この再構築計算結果が実機の諸数値と当たらずとも遠からずの結果となったら、概略的には再構築できたと解釈できるであろう。

②　電気の供給　45

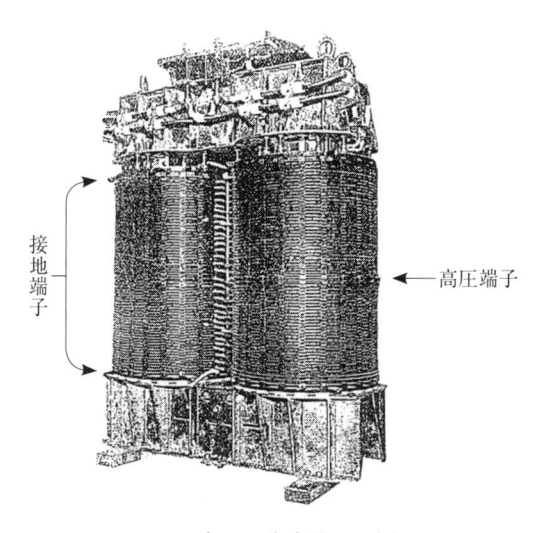

図 2.1.15　高電圧大容量器の例
1 φ-16667kVA-220kV-11kV（1922 年）

（Ⅰ）再構築結果

(1)　一巻回電圧：$e = 0.025\sqrt{\dfrac{16667}{2} \times 10^3} = 72.17V$（73.33V とする）。

(2)　一次巻線の巻数：$N_1 = \dfrac{11000}{73.33} = 150$ 回

(3)　二次巻線の巻数：$N_2 = \dfrac{127000}{73.33} = 1732$ 回

(4)　鉄心磁束密度：B = 1.3T とする。

(5)　所要有効鉄心断面積：$A_{Fe} = \dfrac{e}{4.44 \times 60 \times B} = 2117 cm^2$

(6)　鉄心に接する一次低圧巻線用絶縁筒の内径 61cm
　　鉄心の有効断面積を上記絶縁筒の内側断面積の約 70％ とした。

(7)　一次、二次巻線の総断面積 A_1、A_2 は、巻線断面中の銅帯に占める割合をそれぞれ 0.6, 0.2 とし、電流密度（＝電流／導体面積）を $280A/cm^2$ とすれば、総断面積＝電流×巻数／電流密度×占積率なので、

$$A_1 = \frac{1515^A \times 150^t}{280 \times 0.6} = 1353 \mathrm{cm}^2$$

$$A_2 = \frac{131^A \times 1732^t}{280 \times 0.2} = 4052 \mathrm{cm}^2$$

(8) 一次、二次巻線の寸法

　巻線の高さ h = 370cm とする（％IX = 12％にするように調整）

$$\text{一次巻線の巻き厚} = \frac{1353}{370} = 4.0 \mathrm{cm}$$

$$\text{二次巻線の巻き厚} = \frac{4052}{370} = 11.0 \mathrm{cm}$$

(9) 一次、二次巻線間の絶縁寸法 Δ_0 は

　交流試験電圧値を460kV とする（後述の全絶縁で）。

　耐電圧ストレスを30kV/cm とすれば、

$$\Delta_0 = \frac{460}{30} \fallingdotseq 15 \mathrm{cm} \text{ となる。}$$

(10) ％IX（＝％IZ）＝12％　（2.1.2 式による）

(11) 一次、二次巻線重量 G_1、G_2 は銅の比重を8.9、巻線の寸法図と導体断面積（電流／電流密度）より、

　　　　　G_1 ＝ 1588kg

　　　　　G_2 ＝ 2064kg

(12) 導体の銅損は銅の抵抗率　2.1 μ Ω/cm at75℃、比重8.9 より

　銅損＝2.36×（電流密度）^{2}×（重量）(kg)×10^{-4}W　　従って

　一次巻線銅損＝ 29.4kW

　二次巻線銅損＝ 38.2kW

(13) 全銅損は抵抗損、銅線渦電流損、漂遊負荷損がある。後ろ2者の計を前者の25％考えることにする。従って、

　全銅損＝(29.4＋38.2)×1.25＝85kW

(14) 鉄心重量と鉄損

　鉄心重量の算定には幾何学図面の作成が必要で、ここでは中身重量29トンより、従来の経験より18トンと推定する。鉄損は容量の0.4％

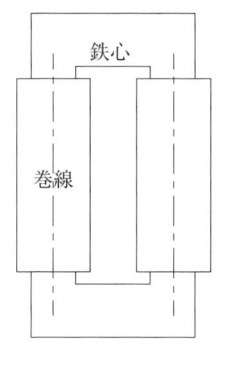

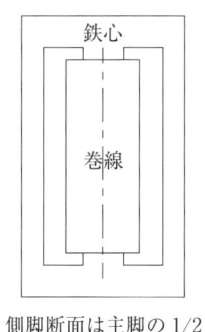

(a) 単相2脚鉄心　　(b) 単相3脚鉄心

側脚断面は主脚の1/2

図 2.1.16　鉄心の脚数

とあるので 67kW となる。なお、この鉄心の平均の kg あたりの鉄損は 67kW/18000kg = 3.7W/kg になり、上記重量 18 トンは妥当な数値といえる。なお、鉄心の構造については図 2.1.14、図 2.1.16(b) を参照されたい。

(15) 効率 η

$$\eta = \frac{16667}{16667 + 85 + 67} = 99.1\% \ (99\%を少し上回る)$$

上記再構築計算値は WH 社のデータと当たらずともかなり近い値になったので、概略再構築できたと了解してもらいたい。

これと比較のため現在風設計計算を下記にしてみる。

(Ⅱ) 現在の設計による試算 — 最新の技術成果を生かした設計

変圧器の進歩に大きく貢献したのは鉄心材料と高電圧技術である。前者は方向性電磁鋼帯の発明で、圧延方向を結晶の磁化に揃えることで、磁化電流、鉄損を大幅に減少させることができた。一例として、1820 年代の電磁鋼板と現用のものとの比較では磁化電流は一桁以下になっている。鉄損は 60Hz、磁束密度 1.3～1.4T で、数 W/kg 程度であったが、現用のものは 60Hz、1.7T で 1W/kg 以下のものもある。また鉄板表面を平滑にすることで、積み重ね

た時の占積率は 0.9 から 0.95 以上に向上した。従って、同じ幾何学的断面の鉄心で、現在の電磁鋼板を使用すれば、$\frac{1.7}{1.3} \times \frac{0.95}{0.9} = 1.38$ 倍の磁束を流せることになる。このような進歩で、古くは単相器に二脚鉄心を採用したが、近時の超高圧大容量単相変圧器では励磁電流、鉄損の増大を考慮する必要はなく、巻線を一組みとして、図 2.1.16(b)のような三脚鉄心のものが主流となった。巻線は中央脚のみに設け、側脚断面積は中央脚の 1/2 で、磁束の並列帰路を構成している。

　高電圧絶縁技術面では、高低圧巻線間距離（主間隙）Δ_0 は体格、特性に直接関連し、この縮小は極めて有効である。主間隙は図 2.1.14 に示すように絶縁筒と端部のフランジドカラー（Flanged Collar）で絶縁構成されている。絶縁破壊は絶縁物を貫通破壊するように起こることはまれで、主に沿面放電が発展し全路破壊に至る場合が多い。主間隙は荷電状態で、微弱な部分放電その他により絶縁物表面に電荷が溜まり、もし沿面に沿って電界があると電荷はその方向に進展し、沿面放電が絶縁物表面に沿って起こる。電界が強ければついに全路閃絡、絶縁破壊となる。

　近時、コンピュータの導入、解析技術の進歩により、高低圧間の電界解析が行えるようになった。絶縁物を電界方向に直交するように配置すれば、電荷の進展を抑えることができ、高い絶縁性のある構造となる。

　主間隙に加わる高いストレスは交流とインパルスの試験電圧である。各系統電圧に対して、この試験電圧値の標準値が決まっている。中性点が直接接地、あるいはこれに近い有効接地系では、接地事故時の健全相電圧上昇が低いので、定格電圧の低い避雷器が採用でき、これに伴い変圧器などの試験電圧を低減できる。このような絶縁を低減絶縁と呼ぶ。これが許されない場合を全絶縁という。220kV 系統では、全絶縁の場合、交流／インパルスの試験電圧値は各々460kV/1050kV だが、低減絶縁では 395kV/950kV または 325kV/750kV などの組み合わせが、IEC Pubrication 60071（1993）で推奨されている。

　雷のような急峻インパルス電圧が巻線内に侵入すると、巻線内部で各部の電位が振動する。図 2.1.17 はその一例で、侵入波より高い電圧が発生し、これにより、ターン間、セクション間にも高い電圧が発生し各部の絶縁を脅か

す。巻線急峻波に対する等価回路は図 2.1.18 に示すようになり、巻線内初期電位分布は、高圧巻線の低圧巻線あるいは対地に対する静電容量 C と、巻線の直列方向の静電容量 K との比の平方根によって決まる。すなわち、直列方向の静電容量 K が大きくなれば、初期電位分布は直線に近づき振動は小さくなる。英国の English Electric 社のチャドウィック（A.T. Chadwick、英）らはこれに注目し、ハイセルキャップ（high series capacitance）巻き、またはインターリブド巻線（Interleaved transformer winding）と呼ばれる巻線を考案した。（A.T. Chadwick, etc.,"A new type of transformer winding giving improved impulse voltage distribution", 1950 Report no.107, CIGRE）

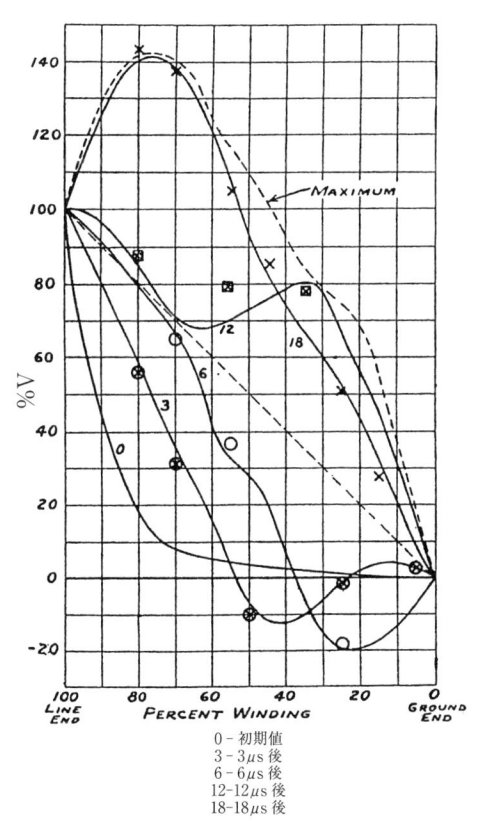

0 - 初期値
3 - 3μs 後
6 - 6μs 後
12 - 12μs 後
18 - 18μs 後

図 2.1.17　急峻波頭電圧侵入時の巻線内電位分布（時間経過を表す）
（GE Review, Oct.1830, p538）

図 2.1.18　急峻波頭電圧に対する
　　　　　　巻線の等価回路

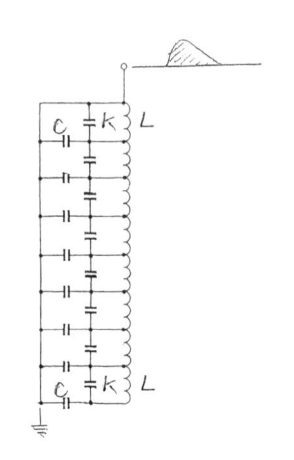

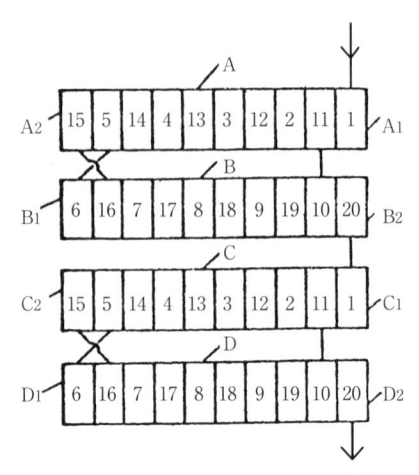

図 2.1.19　ハイセルキャップ巻
　　　　　　円板巻線
（USA Pattent, 1948, 2453522）

　この巻線は現在高電圧巻線の主流となっている。図 2.1.19 はその巻線構造で、各円板巻線の巻数を 10 ターンとした場合、導体 1〜10 と導体 11〜20 とを一緒に束ねて二本並列に重ねて巻き、後で導体 10 と 11 とを接続、全体として直列接続するものである。隣同士の巻線に離れた電位の導体が配置されるようになり、直列方向の静電容量 K が格段に大きくなっている。このようなハイセル巻線と低減絶縁の採用で、主絶縁や巻線内の絶縁をも大幅に縮小することが可能になった。
　以下の現在風設計では、主間隙寸法を前例の半分の 7.5cm とし、二次巻線（高圧巻線）の銅の占積率を 0.2 から 0.3 にして計算する。前述に従い、鉄心は三脚鉄心を使用する。

(Ⅲ) 現在の設計による再試算結果
　(1)　一巻回電圧　$e = 0.025\sqrt{16667 \times 10^3} = 102V$、100V とする。

　(2)　一次、二次巻線　$N_1 = \dfrac{11000}{100} = 110$回, $N_2 = \dfrac{127000}{100} = 1270$ 回

　(3)　鉄心磁束密度　$B = 1.7T$ とする。

(4) 所要有効鉄心断面積　$A_{Fe} = \dfrac{e}{4.44 \times 60 \times B} = 2208 \text{cm}^2$

(5) 鉄心に接する一次低圧巻線用絶縁筒の内径 = 61cm
　　前例に比し、B は 1.3T から 1.7T に、占積率は 5％ 増加できるので、e は 93.33V から 100V まで増加しても同じ幾何学的寸法でよいことになる。

(6) 一次、二次巻線の総面積 A_1, A_2 は

$$A_1 = \dfrac{1515^A \times 110^t}{280 \times 0.6} = 992 \text{cm}^2$$

$$A_2 = \dfrac{131^A \times 1270^t}{280 \times 0.3} = 1981 \text{cm}^2$$

(7) 巻線の寸法
　　巻線の高さ　h = 220cm とする（％ IX = 12％ にするように調整）

　　一次巻線の厚さ　$\Delta_1 = \dfrac{992}{220} = 4.5 \text{cm}$ 丸めて 5.0cm とする。

　　二次巻線の厚さ　$\Delta_2 = \dfrac{1981}{220} = 9.0$

(8) 一次、二次巻線間の距離 $\Delta_0 = 7.5 \text{cm}$（前例の $\dfrac{1}{2}$ とする）

(9) ％ IZ = 12％ （2.1.2 式より）

(10) 一次、二次巻線重量　G_1 と G_2 （前例の計算方法で）
　　$G_1 = 1181 \text{kg}$, $G_2 = 1661 \text{kg}$

(11) 銅損（前例の計算方法で）
　　一次巻線銅損 = 21851W
　　二次巻線銅損 = 30732W

(12) 全銅損（前例の計算方法で）
　　65728W 丸めて 66kW

(13) 鉄心重量（前例と同様の推定で）　11Ton

(14) 鉄損　鉄心の kg 当たりの鉄損を多めに見て 2W とする。
　　11000kg × 2W/kg = 22kW

(15) 効率 η

$$\eta = \frac{16667}{16667+66+22} = 99.5\%$$

上記諸定数値を、1922年製変圧器の再構築結果と比較して表2.1.1に示す。

この結果により変圧器中身本体は鉄心改善、高電圧技術の進歩により格段の革新があったことが了解できる。

表 2.1.1　変圧器新旧比較表

1 ϕ-60Hz-16667（5000/3）kVA-11/220kV

<table>
<tr><th colspan="3">諸元</th><th>1922年当時の推測
（再構築結果）(A)</th><th>現在設計による
再計算結果 (B)</th><th>A/B</th></tr>
<tr><td rowspan="8">巻線</td><td rowspan="4">寸法
(cm)</td><td>Δ_1/r_1</td><td>4/35</td><td>5/35.5</td><td>／</td></tr>
<tr><td>Δ_2/r_2</td><td>11/57.5</td><td>9/50</td><td>／</td></tr>
<tr><td>Δ_3/r_0</td><td>15/44.5</td><td>7.5/41.75</td><td>2</td></tr>
<tr><td>h</td><td>370</td><td>220</td><td>／</td></tr>
<tr><td rowspan="2">重量
(kg)</td><td>一次</td><td>1588</td><td>1181</td><td>1.34</td></tr>
<tr><td>二次</td><td>2604</td><td>1661</td><td>1.56</td></tr>
<tr><td colspan="2">電流密度（A/cm^2）</td><td>280</td><td>280</td><td>／</td></tr>
<tr><td colspan="2">銅損（kW）</td><td>97</td><td>66</td><td>1.47</td></tr>
<tr><td rowspan="4">鉄心</td><td colspan="2">構造</td><td>2脚</td><td>3脚</td><td>／</td></tr>
<tr><td colspan="2">磁束密度（T）</td><td>1.3</td><td>1.7</td><td>0.76</td></tr>
<tr><td colspan="2">重量（Ton）</td><td>18</td><td>11</td><td>1.6</td></tr>
<tr><td colspan="2">鉄損（kW）</td><td>67</td><td>22</td><td>3.05</td></tr>
<tr><td rowspan="2">特性</td><td colspan="2">% IZ</td><td>12</td><td>12</td><td>／</td></tr>
<tr><td colspan="2">効率</td><td>99.1</td><td>99.5</td><td>／</td></tr>
</table>

次に、中身本体以外にどのような技術革新があったかを述べる。その主なものとして、

(1) 大容量化に伴うもの：絶縁技術の一段の向上、冷却技術、組み立て輸送。1000kV-3000MVA器まで
(2) 利便性：タップ切り替え、無タップから無負荷時、負荷時タップ切り替えに
(3) 信頼性向上：短絡強度、絶縁協調、保守など

などがあげられる。

2.1.3　現用器に向かって

　電力需要の増大に伴い、これに対応するための変圧器の技術開発は一段と進んだ。現在最大級の変圧器は発電所用のもので、550kV-1500MVA、受変電所用で、550kV/275kV-500MVA（バンク容量1500MVA）級EHV変圧器が製作されている。以下に、ここに至るまでの技術開発経緯の大筋を述べる。

　高電圧大容量変圧器対応の技術開発については次のとおりである。変圧器は、初期の時代のものは本体を空気中に露出したいわゆる"乾式"であった。例として、2.1.1に示した図2.1.7のガンツ社のもの、図2.1.9のフェランティ社のものがあげられる。効率のよい冷却をし、絶縁の信頼性を高めるため、本体を絶縁油で充たした鉄槽（タンク）内に収納する、いわゆる"油入変圧器"構造になった。容量の小さいものではタンク表面からの対流と放射で、損失熱を放散するのに足りたが、さらなる容量増大に伴い、タンク表面にひだを付けたり、パイプでその他の放熱器を付け冷却表面を増大させることで損失を放散させた。さらなる大容量、例えば、100MVAのような大容量になると一段と積極的な冷却が必要で、図2.1.20に示すような送油風冷式が用いられる。タンク上部の油を冷却器に導き、冷却された油をタンク下部の送油ポンプで送りこみ、送り込まれた油は鉄心、巻線の隅々まで流し冷却効果を高める方式である。

　1972年に運転を開始した500kV変圧器で、のちの研究でわかったことだが、冷却のために循環させる絶縁油が内部の絶縁物との摩擦静電気が発端で絶縁破壊現象を引き起こす、いわゆる"流動体電現象"による事故が起こった。当初は絶縁破壊の原因がわからず、その事故解明過程で得た流動帯電現象解明に関連した種々の新しい技術が、我が国独自の変圧器技術開発に大きな役割を果たした。さらに日本では、諸外国に比べて厳しい輸送制限のもとで都市部での電力需要に対応するため、UHV（100万ボルト）変圧器の開発研究を進める過程においても、絶縁技術や関連した各種技術が格段に進歩した。さらに、都心部への高電圧のネットワーク化や地下変電所の普及、防災

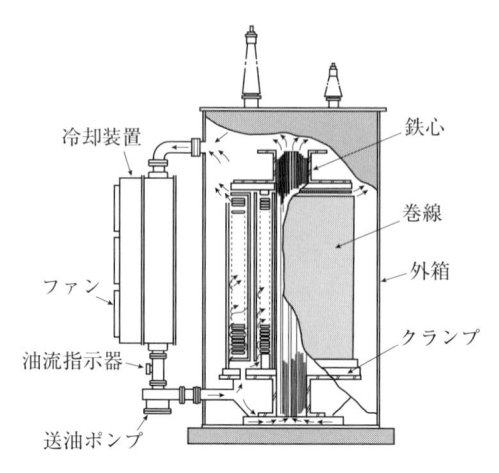

図 2.1.20　送油風冷式変圧器の内部冷却構造図

対策の観点から変圧器への不燃化の要求が高まり、世界に先駆けて大容量ガス絶縁変圧器が実用化した。ここにこれら独自技術による発展について簡単にまとめ次に述べる。

(1)　流動帯電

　変圧器は大容量化と高電圧化という大きな問題に対して、日本が独自に技術を開発していく必要に迫られ、我が国の技術力は急速に高まっていった。しかし、そのような中で起きたのが、国内向け 500kV 変圧器の初期に起きた流動帯電による絶縁破壊事故である。この問題の解決には 2 年以上の歳月をかけて系統立てた調査を行い、対策を立てた。

　実変圧器、実規模モデルおよび基礎モデルを用いて、変圧器製造各社が事故究明にあたった。その結果、静電気放電発生原因としては、絶縁油の帯電度（帯電のしやすさ）、流路の形状と流速の関係、電界、絶縁物の表面状態、水分量などが関係することが明らかにされた。わが国では、1976 年には流動帯電に対する対策が確立したといわれている。1980 年代になると、海外でも静電気放電によると考えられるトラブルが各所で報告されるようになった。主に、絶縁油の帯電度に関してそれを支配する原因物質についての調査が進められたが、真の原因はまだ明らかになっていない。ただ、絶縁油に

BTA（ベンゾトリアゾール）を添加すると、絶縁油の帯電度が抑えられるという実験結果が広く支持され、日本では 1980 年代から一般的に採用されている。現在、絶縁油の規格にも BTA 添加油が追加されている。

(2) UHV 変圧器

1970 年代末には、500kV 変圧器に対し 2 倍の電圧となる 1000kV 級 UHV 変圧器を同一輸送限界内で達成させる技術の開発に成功した。東芝、三菱、日立の 3 社はそれぞれ、UHV 変圧器のプロトタイプ器の製作を行い、長期信頼性の検証も含めて各種試験を実施した。ところが、UHV の実現はその後、1980 年代に入ると経済事情の影響から実現が延期となった。なお、国内での UHV は延期されたが、東芝、三菱、日立の 3 社は、連合で、ベネズエラ向け 765kV 変圧器の受注に日本として成功し、1982 年に納入した。この他にも、ブラジルやアフリカ向けの 765kV 変圧器の受注も果たしている。

各社は、この開発技術を 500kV 以下の機種に適用し、機器の大幅な縮小、低損失化を図っている。

超高圧（EHV、UHV も）大容量変圧器の巻線の配置では、電力系統は中性点直接接地になるので、変圧器は星形結線で、巻線の中性点は接地されることになり低圧の絶縁でよい。このため発電所用二巻線変圧器では図 2.1.21(a) に示すように、高圧巻線中央部に高圧端子を置き、これから二回線の巻線が

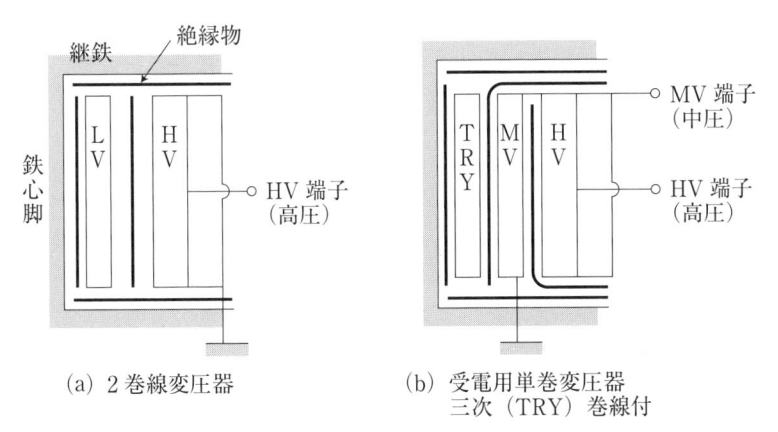

図 2.1.21　超高圧（EHV、UHV を含む）大容量変圧器の巻線配置
(a) 2 巻線変圧器
(b) 受電用単巻変圧器 三次（TRY）巻線付

鉄心脚両端部に向かう。従って接地端子部の絶縁は簡単なものでよい。受電変電所用変圧器は単巻変圧器が一般的で、例えば、550/275kV（星形結線）、Δ結線の二次巻線付きとなる。同図(b)にその配置図を示す。この図よりわかるように、高圧巻線と中性巻線との接続部は上部鉄心継鉄に近接することになり、上例では275kV相当の絶縁が必要となる。

(3) ガス絶縁変圧器、不燃性変圧器

不燃性変圧器としては、戦前からポリ塩化ビフェニール（PCB）を絶縁油として使用した変圧器が一部使用されていた。特にアメリカでの使用が盛んであったが、日本でも、都心でのビルの地下変電所などに、6～10MVA程度のPCB入り変圧器が1950年中ごろから散発的に製作されていた。しかし、PCBの安全性の問題から、1974年に使用禁止の通達が出され、製作は中止された。

耐熱性、耐寒性、さらには電気特性の優れたシリコーンを変圧器に用いる研究もなされた。19世紀から欧州の科学者を中心に有機ケイ素化合物（有機基に直結した基礎を持つ化合物の総称）、シリコーンの研究がなされた。その後、シリコーンの工業化を目指した研究はアメリカに移り、1940年、GE社のロコー（E.G.Rochow）によって発明された製法特許の直接合成法（クロロシランの合成法）によってシリコーンの工業化が始まった。日本では、東芝が1941年にシリコーンをケイ素樹脂と名付けて研究が始められた。1951年、東芝はメチルシリコーンワニスで絶縁処理した乾式トランスをブリジストンビルへ納入したのが、シリコーン製品の日本での製品化1号機である（3kV-100kVA）。シリコーンのGE社の特許実施権が1953年に許諾されると、シリコーン製品はオイル、ゴム、繊維が主体であったが、その後、化粧品から宇宙開発まで様々な用途に使用されるようになった。シリコーン変圧器も、その後、新宿三越（20kV-1000kVA）、名古屋名鉄ビル（30kV-1000kVA）など、不燃化の要求されるところに、さらに高電圧、容量の高いものが適用された。しかし、シリコーンを変圧器に適用するには非常に高価になること、また、出力、電圧に限界があることなどから、シリコーン変圧器は、ガス絶縁変圧器への開発、製品化に移行したと考えられる。

ガス絶縁変圧器の普及に先だって、戦前から屋内用で乾式変圧器が使用されていた。この分野でも1960年代に入るとポリエステル樹脂、次いでエポキシ樹脂でモールドした変圧器がヨーロッパで開発された。日本でも、1960年代後半から研究がすすめられ、1974年にエポキシモールド変圧器が導入された。その後、次第に大容量のモールド変圧器も製作されるようになった。

　ガス絶縁変圧器が初めて製品化されたのは1956年のことであり、SF_6ガスにより絶縁及び冷却する方式の69kV-2MV変圧器がアメリカGE社において開発された[2][3]。日本では主に数10MVA以下の変圧器で、絶縁媒体として油に代わってSF_6ガスを使用したガス絶縁変圧器が実用化された。1963年に200kVの試験用変圧器が開発され、1967年に66kV-3MVA第1号器が製品として誕生している[4]。ただし、このSF_6ガス絶縁変圧器は冷却のため、タンク内部にエバポレータ（蒸発による気化熱を利用した冷却装置）を内蔵し、フレオンを媒体として熱交換を行うものであった。また、導体の絶縁は油入変圧器と同様、絶縁紙を用いたものであった。その後、1978年になって初めて、フィルムを用いた導体絶縁のガス絶縁変圧器が上越新幹線用に登場し、インパルス絶縁耐圧が大幅に向上した。1980年代には我が国最大容量の10MVAガス絶縁変圧器と、GISを組み合わせたオールガス絶縁変電設備が完成した[5]。このように、1980年頃を契機に急速にガス絶縁変圧器の開発や製品化のピッチが上がった。

　一方、大容量ガス絶縁変圧器については、1980年代初期に、300MVA級の変圧器の実用化の研究、開発がアメリカで最初にすすめられた。しかし、レーガン政権のもとで、この計画は中止となった。一方、日本ではアメリカの大容量ガス絶縁変圧器の開発に刺激されて、地下変電所の防災の観点からも、ガス絶縁変圧器の高電圧、大容量化の開発が精力的に進められた。ところがSF_6ガスの冷却特性が劣るため、その実現は非常に難しかった。そこで、高電圧、大容量に適した不燃性変圧器として、SF_6ガスを絶縁に、冷却媒体にパーフロロカーボン（$C_8F_{16}O$）液を用いる変圧器の開発が、東芝、三菱、日立3社により3様の方式で進められた。

　まず、東芝が1989年に世界で初めて200MVAの変圧器の実用化に成功し、翌1990年には三菱、日立が275kV、300MVAまたは250MVAの変圧器の

開発に成功し、1991年にかけ、それぞれ東京電力、関西電力、中部電力の各社に納入している。これらの開発過程は次のとおりであった。

東芝は東京電力との共同研究で、アメリカDOE（Department of Energy）、GE社およびOak Ridge National Laboratoryにより最初に作られた基礎概念[6][7]による、セパレート式ガス絶縁変圧器の開発をすすめた。この変圧器は巻線に広幅のアルミシートと絶縁にポリエステルフィルムを用い、巻線内に金属製の冷却パネルを巻き込み、パーフルオロカーボン＊（PFC）液を流して冷却する方式の変圧器で、タンク内はSF_6ガスで絶縁するガス絶縁変圧器である。絶縁と冷却が完全に分離されていることから、日本でセパレート式ガス絶縁変圧器と名付けられたものである。ただし米国では実器の製作はもとより、実規模モデルの実現にも至らなかった。

三菱はアメリカのWH社が開発していたパーフルオロカーボンを巻線上部からふりかけ、その蒸発時の吸熱により巻線を冷却する蒸発冷却方式を手掛けた。蒸発冷却式変圧器としては1958年にアメリカで、69kV-7.5MVAの散布方式による変圧器が製作された[8]。日本では、1980年から1982年にかけて、蒸発冷却方式のSF_6ガス絶縁変圧器として、北摂変電所向けに77kV、40MVA器を実用化している[9]〜[12]。その後の大容量化では、液流下式（スプレー式）に変更して開発が進められた[13]。

日立は中部電力との間で、タンク内に変圧器巻線の周りにFRP絶縁等を設け、その中にパーフルオロカーボン液を入れ、タンク内はSF_6ガスを入れて絶縁するという、二重タンク式の液浸方式ガス絶縁変圧器の開発を進めた。絶縁筒の上部にはセパレータを設けてパーフルオロカーボン液とSF_6ガスを分離し、パーフルオロカーボン液をポンプで循環する方式である。1991年に275kV-300MVA液浸方式の液冷却SF_6ガス絶縁変圧器が実用化されている[14]〜[16]。各社3様の方式で進められた液冷却ガス絶縁大容量変圧器の各種構造を、図2.1.22に比較して示す。

しかし、開発された変圧器は従来の油入変圧器と比べて、絶縁と冷却に

＊パーフルオロカーボン液：フルオロカーボンは炭素、フッ素化合物の総称。炭化水素の水素原子をすべてフッ素原子で置き換えたものを、パーフルオロカーボン（PFC）と呼ぶ。冷媒や精密部品の洗浄剤などに用いられる。

2 電気の供給　59

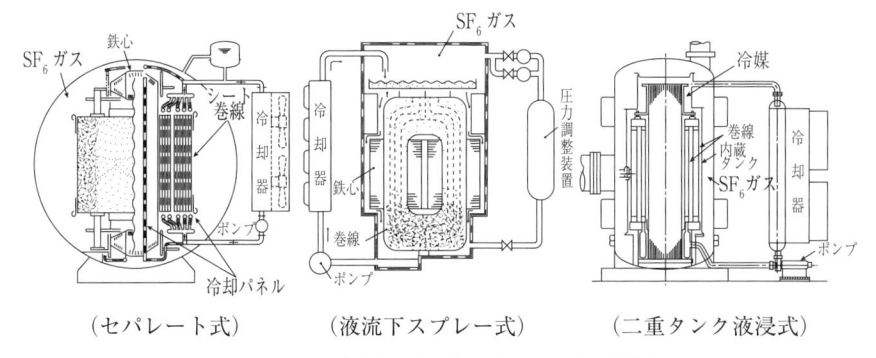

（セパレート式）　　（液流下スプレー式）　　（二重タンク液浸式）

図 2.1.22　液冷却ガス絶縁変圧器の各種構造

別々の材料を使用しているため、特に冷却のために特別な装置や高価な冷却媒体が必要なことから、コストが油入変圧器に比べ大幅に上昇するのが難点であった。

　従来、特に冷却特性の関係から、ガス単独の絶縁、冷却方式では大容量のガス絶縁変圧器の実現は不可能であるとされていた。このような中、耐熱性の高いフィルム他の絶縁材料の開発に加えて、高ガス圧力容器の開発、高ガス圧力中で使用するブロアの開発、巻線内のガス流の解析による理想的な流路構成の確立により、300MVA 級の変圧器でも、大容量高ガス圧ブロアを適用することにより、ガス冷却が可能であることが見出された。こうして 1994 年、東京電力東新宿 SS に、冷却と絶縁に SF_6 ガスを用いる、ガス絶縁ガス冷却の 275kV、300MVA の高電圧大容量ガス絶縁変圧器が東芝により開発され、納入された（図 2.1.23）[17][18]。

(4)　変圧器の輸送

　次に輸送について述べる。往時は、大容量器は工場で完成品として組み立て、試験終了後分解し、現地で再組み立てする。しかし、乾燥注油の手間をかけた作業の効率化と製品の信頼性を考えれば、設備の整った工場で完成したそのままの形で現地据え付けできる組み立て輸送が好ましい。火力、原子力発電所は海岸地区に建設されるので、空間的制約がなく、組み立て輸送の支障はないが、受電変電所は一般に内陸部に設置されるので、変圧器は貨車

(a) 東京電力　東新宿変電所向け 275kV-300MVA ガス冷却式ガス絶縁変圧器

(b) オーストラリアトランスグリッド社ヘイマーケット変電所向け　345kV-400MVA ガス冷却式ガス絶縁変圧器

図 2.1.23　高電圧大容量ガス絶縁変圧器

図 2.1.24　超高圧大容量器（350MVA）の貨車輸送状況

輸送になる。近時高電圧技術の格段の進歩で、車両輸送限界の狭い空間の中で、550/275kV、500MVA 大容量器の組み立て輸送が可能になった。輸送寸法の関係から、ブッシングだけは現地取り付けとし、軽量で輸送するため、油を抜き、乾燥窒素を充填している（図 2.1.24）。

(5)　電圧調整機能

電圧調整機能については次のような経緯をたどった。初期の時代の変圧器は電力系統が単純なので、一定の電圧比で電圧を上下させることで事足りたが、電力系統の拡大に従い、負荷の変化での二次電圧の変動を補償し、二次電圧を一定に保持する機能が求められるようになった。その方法は巻線の途中にいくつかの口出し線（タップ）を引き出し、そのつなぎ変えで、電圧比

を変えることで行なわれる。これには、停電させ、無負荷状態で行なうものと、停電せず、負荷をかけたまま行うものがある。受電側高電圧大容量変圧器では後者のものが広く採用されており、負荷時電圧調整変圧器と呼ばれている。

負荷時にタップを切り替えるにはタップ間に抵抗またはリアクトルを投入し、これを介して接点を移動することになるが、その例として、広く採用されているヤンセン式と呼ばれる抵抗式のものを述べる。図 2.1.25 において、タップ 3 から 2 に移るには開閉器 S の接点を時計方向に移動する。S が b、c に接触する間はタップ 3、2 間に流れる電流は抵抗 $R_1 + R_2$ で制限され S が c、d に接触すれば電流はタップ 2 に移ることになる。

この他に、利便性向上、保守、信頼性向上、など、多くの技術開発がなされたが、それらについては専門書に委ねることにして割愛する。

最後にこれら諸技術の結果として得られた、東京電力新榛名変電所における 1000kV 実証試験設備の写真（バンク容量 3000MVA-1050/525/147kV の変圧器）を図 2.1.26 に示す。

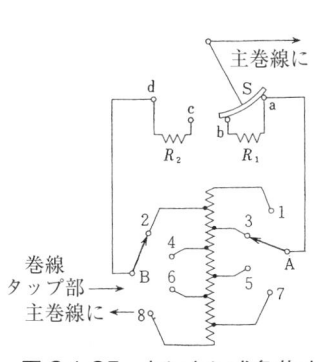

図 2.1.25 ヤンセン式負荷時タップ切り換え器

図 2.1.26 1000kV 実証試験設備

参考文献

(1) Ganz transformer since 1885, Ganz Electric Works Budapest (1978)
(2) G.Camilli: "Gas Insulated Transformers", General Electric Review, May-July G41 (1956)
(3) G.Camilli: "Gas Insulated Transformers", Proc.Instn.Engrs., 107, 375, (1960)
(4) 杉山・真壁・小島・森・三橋・池田:「SF_6 ガス絶縁変圧器」、東芝レビュー、22、No12, 1390（昭42）
(5) 長谷川・戸川:「66kV-10MVA ガス絶縁変圧器」、昭和55年電気学会全国大会、574
(6) J. R. Morris II and S. F. Philip: "A new Concept for a Compressed Gas-insulated Transformer", Proc.7th IEEE/PES Trans.and Exposition, IEEE Pub. 79 CH 1399-5 PWR, 178 (1979)
(7) W. J. McNutt, W. H. Rathbun, J. P. Slocik, J. P. Vora: "Technology Development for Advanced Concepts in Gas-insulated Transformers", IEEE Trans.on Power Apparatus and Systems, vol.PAS-101, No.7, 2171 (1982)
(8) P. Nurbut, A. J. Maslin, C. Wasserman: "Vaporisation Cooling for Power Transformers", AIEE Transaction Paper 59-818 (1959)
(9) 所・春本・吉田・山内:「蒸発冷却式ガス絶縁変圧器の開発と変電所のトータルガス絶縁化」OHM, 68, 9, 18（昭56-9）
(10) 春本・吉田他:「蒸発冷却式ガス絶縁変圧器」、三菱電機技報、56、No.12, 48（昭57-12）
(11) 春本・吉田他:「77kV40MVA 蒸発冷却式ガス絶縁変圧器の開発」昭和57年電気学会全国大会、629
(12) 工藤・朝倉他:「77kV 蒸発冷却式ガス絶縁変圧器の実用化」、三菱電機技報、59、No.7, 48（昭63-7）
(13) 長谷川・別井他:「275kV 液冷却式ガス絶縁変圧器の開発」、電学論B, 110, 999（平2-12）
(14) 和田・川嶋・藤田・森:「高電圧・大容量変圧器の技術動向」、日立評論、70、No.8, 69（昭63-8）
(15) 福田・木村・富田・村岡:「最近の送電技術とその将来展望」、日立評論、73、No.8, 55（昭63-8）
(16) 和田・森・川嶋:「変圧器の環境適合技術」、日立評論、73、No6, 7（平3-

6)
(17) E. Takahashi, K.Tanaka, K.Toda, M. Ikeda, T. Teranishi, M.Inaba, T. Yanari: "Development of Large-Capacity Gas-Insulated Transformer", IEEE Trans. on Power Delivery, vol. 11, No.2, PP895-902 (1996)
(18) 高橋・田中・戸田・池田・寺西・稲葉・毛受:「大容量ガス絶縁変圧器の開発」、電学論 B, 115-4、346（平 7-4）

2.2 開閉装置

1887 年、ロンドン郊外のデプトフォード（Deptford）の発電所から、10kV で市内のグロスベノア・ギャラリー（Grosvenor Gallery）の変電所までケーブル送電するための建設工事が進められていた。完成前の試運転中、高圧スイッチを開いたときアークがスイッチ極間を走った。捜査員は驚いて急いでスイッチをさらに開いたので、アークの焔は天井に燃え移り、30 分ほどで変電所は燃え尽きた。

このような事故を背景に、負荷電流を安全に切れる装置すなわち負荷開閉器の開発が急務となり、さらにこれらは回路事故時の大電流をも安全に遮断できる今日でいう"遮断器"の開発へとつながった。

これとは別にヒューズも考案され、今日でも採用されているが、残念ながら高電圧には不向きであり、さらに再使用が不可能なため、部品交換に手間と時間がかかるという欠点がある。

2.2.1 開閉器から遮断器まで

初期においては、電力所の運転、停止は、石英板などに取り付けられた簡単な刃形開閉器（Knife Switch）を開閉することにより行われた。図 2.2.1 に示すように、単純なものでも主刃と補助刃を備えている。閉時は主刃で負荷電流を流し、開時には主刃が先に開き補助刃が後から開くようになっている。すなわち、補助刃は主刃にスプリングでリンクしているので、主刃が開動作後、補助刃はスナップ動作で高速に動くので、接触子間に発生するアークを

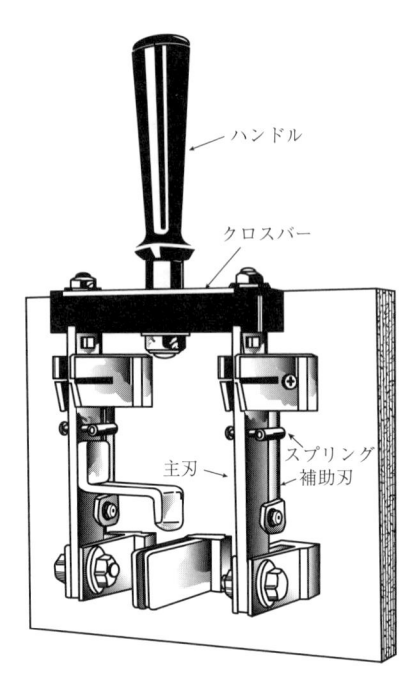

図 2.2.1　刃形開閉器（ナイフスイッチ）
―主刃と補助刃付―

速やかに引き延ばし、接触子表面の損傷を補助刃部分に制限し、かつ補助刃の交換も容易に行えるように考案されている。

　その後、電圧が高くなると、操作員が手で直接開閉器を操作することが難しくなり、これらの開閉器はパネルの裏面に取り付けられ、中央制御室からの遠方操作となった。

　負荷増大に伴い負荷電流が増えると消弧が難しくなり、1940年代には磁気吹消方式（Magnetic Blow-out）が開発された。この方式は 2.2.2-(4)で後述するように、電流（アーク）が磁界中を通過するとき、側力を受ける原理を利用したもので磁気遮断器と呼ばれる。開閉器の接点が開くとき、伸ばされるアークが磁界による側力を受けるよう電流路が設けられる必要がある。また、長く伸ばされたアークは急速に冷却されねばならず、いわゆるアークシュート（消弧装置）などが備えられる。

これから述べる遮断器とは、「定常状態の電路のほか、異常状態、特に、短絡大電流を通電中の電路をも開閉できる装置」とされている。すなわち、負荷電流の開閉を主とした上述の開閉器、あるいは開閉頻度の極めて高い接触器などとは区別されている。以下、遮断器の変遷について述べる。

2.2.2 現用遮断器開発まで

(1) 油遮断器（Oil Circuit Breaker, OCB）

1910年代アメリカにおいて、木製あるいは鉄製タンクに絶縁性能の高い油を充たし、その中で接触子を開閉し、他に補助的（他力）手段を用いない自力型の、いわゆる"並切り形"といわれる遮断器が出現した。油の中で接点を開き、アークによる油の分解時に生じるガスと、その圧力により遮断する方式の遮断器である。消弧原理としては、遮断アークが油を熱し、この油は高圧の炭素と大量の水素に分解され、その水素が流れを整えてアークに吹きつけられるというものである。水素は熱伝導率が高いので、アークを冷却し消弧するのに役立つ。

この種の遮断器も電流が大きい場合には、アーク時間が長くなり、遮断限界が生じ、消弧室の開発が必要となる。1910～1920年代、米GE社、独AEG（Allgemein Electricitäts Gasellschaft）社、英Reyrolle社などの各社に短絡試験設備ができ、消弧室の研究が始まった[19]。その結果として、他力の消弧形が案出された。消弧室方式である。すなわち、図2.2.2(a)のように電流を遮断する部分を絶縁筒で囲み、その中でアークを発生させることで、圧力を高め遮断効率を向上させる消弧室方式に移行した。遮断器が開動作時の操作力を使って強制的に油流を作りアークに吹き付け消弧させる方式である。米国では主にこの種の消弧室をタンク内に収容した(b)のようなタンク形であった。さらに1930年代、欧州では消弧室を碍管に収容し、対地絶縁を碍子に頼る(c)のような碍子形小油量遮断器を開発した。油量を大幅に少なくすることができた。油量はタンク形の20～30%である。

いずれの構造においても、操作機構としては電動バネ方式が一般に採用される。

この種の油遮断機の欠点は、遮断失敗時に爆発する恐れがあることである。

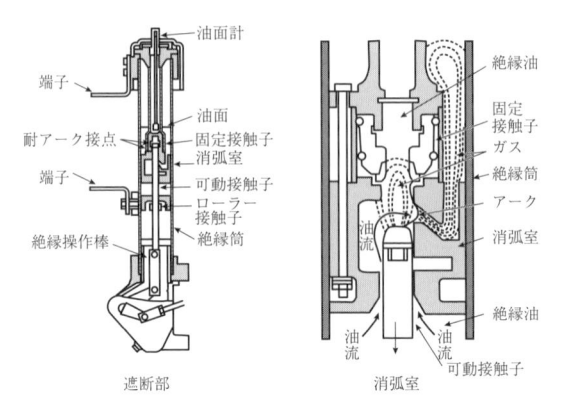

(a) 油吹付けによる消弧原理

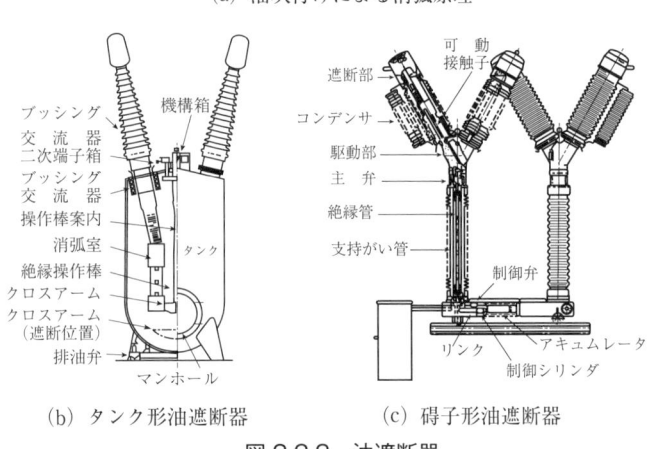

(b) タンク形油遮断器　　(c) 碍子形油遮断器

図 2.2.2　油遮断器

油はアークによる熱で気化し、遮断器内の圧力を高めて爆発の危険が多くなる。

このため、下記のように、油なしの遮断器（Oil less CB）の開発が進められた。

(2) 空気遮断器（Air Blast Circuit Breaker, ABB）

1929 年、独 Siemens 社は油を使わない遮断器として水遮断器（Wasser Schalter）を開発した。蒸留水にエチレングリコールを混ぜ、凝固点を下げ

て消弧液として使用するものであった。これは中圧以下のみに適用された。

並行して、1930年代初めから、欧州では油遮断器に代わる空気遮断器の開発が進んでいた。高速気流を使って遮断する空気遮断器は欧州においてAEG社やBBC（Brown, Boveri & Cie）社で開発され、1931年頃から製品化された。独AEG社は矢継ぎ早に110, 220kV用にフライシュトラール（Freistrahl）形空気遮断器を製品化した。これは接触子を回転碍子のアームに取り付け、消弧するとき接触子を取り囲むノズルから圧縮空気を吹き付けて消弧するものである。

他方、これと前後して、本格的に空気遮断器の製品系列化に成功したのがBBC社である。AEG社やBBC社に引き続き、GE社やWH社もそれにならって開発を始めた。BBC社はさらに遮断部を高気圧で充填した常時充気式遮断器を開発し、遮断時間が極めて短くなった。遮断能力も向上し、電極間距離も短くなった。絶縁油に代わって空気を絶縁媒体として使用するには約10気圧の清浄乾燥した圧縮空気が必要である。これをアーク軸方向（接触子の開極方向）に吹き付け、アークを細い柱状のものにして急速に冷やし、消弧させるという着想である。同時に、下記の点にも配慮を必要とする。

(1) 通電中の消弧室を充気しておくこと
(2) 消弧室とは別に断路部を設けること

これらの考え方によって、表2.2.1のような設計思想が可能となる。各方

表2.2.1　空気遮断器の空気吹付けと極間絶縁維持の方法

	第1方式	第2方式	第3方式
閉　路状　態			
遮　断作動中			
開　路状　態		気中	高気圧空気中

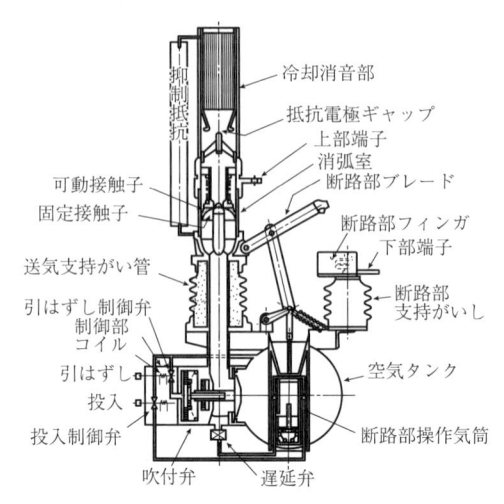

(a) 屋内用空気遮断器の構造

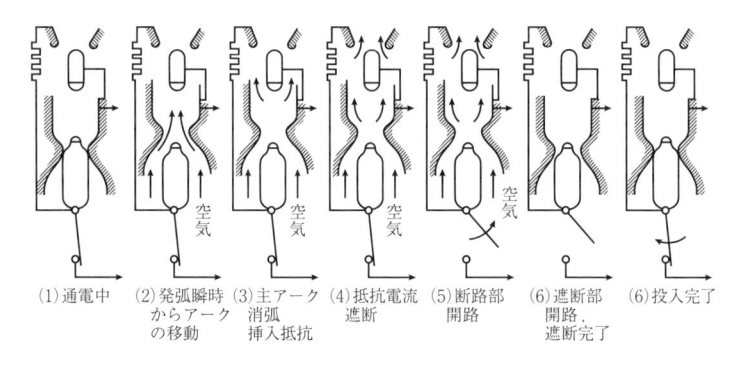

(b) 遮断器および投入の動作順序

図 2.2.3　中圧、屋内用空気遮断器（第 1 方式）

式がこれまで採用された。以降、当分の間、空気遮断器が当時の主流を占めるようになった。

　第 1 の方式は、図 2.2.3(a) に示すように、20～30kV の中圧を対象に、遮断時に圧縮空気を吹きつけるとともに、抵抗遮断方式を採用し、これに伴う気中断路部を設け、全体の経済性を重んじたもの。遮断投入の動作手順を同図(b)に示す。

(a) 空気遮断部の構造（第2方式）

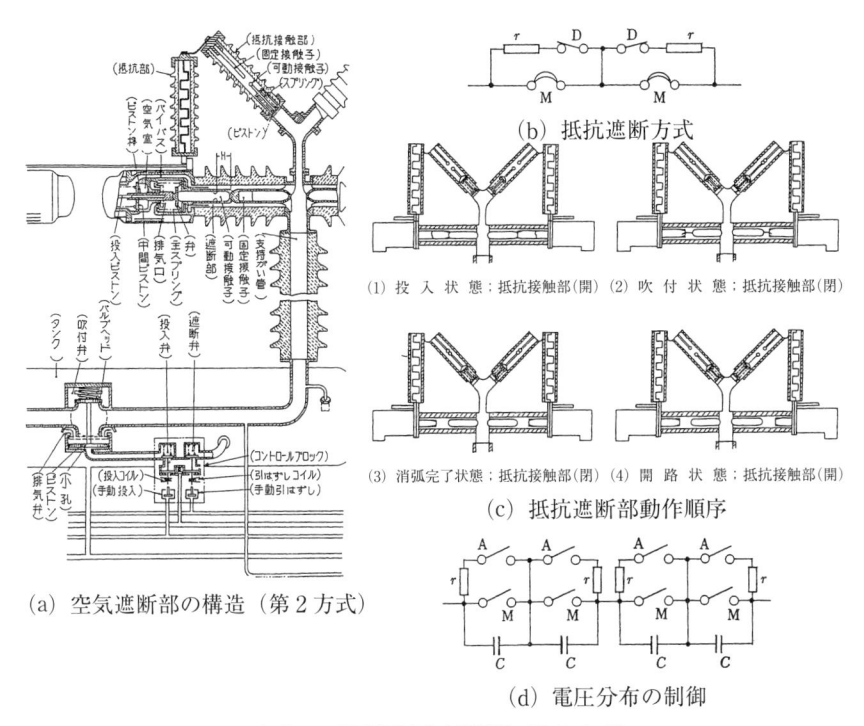

(b) 抵抗遮断方式

(1) 投入状態；抵抗接触部(開)　(2) 吹付状態；抵抗接触部(閉)

(3) 消弧完了状態；抵抗接触部(閉)　(4) 開路状態；抵抗接触部(開)

(c) 抵抗遮断部動作順序

(d) 電圧分布の制御

図2.2.4　屋外用空気遮断器（第2方式）

　第2の方式は、通電中遮断消弧室は大気圧であるが、圧縮空気吹き付けによる遮断完了後、消弧室を充気状態とし、断路部としても使用するもの。超高圧275kV以下の系統では、5サイクル〜3サイクル遮断用の構造として採用された。高電圧用では80kV単位の消弧室を必要個数直列とし、対地絶縁は碍子に依存するようにする。図2.2.4(a)に構造断面を示す。この方式では複数の遮断室で直列遮断するので、同図(b)のように抵抗分圧を図る。これに伴い、最後に抵抗電流の遮断を必要とする。その動作順序を同図(c)に示す。開極中の消弧室の電圧分担を均等化するため、同図(d)のように分圧コンデンサを設ける。この方式では30気圧の圧縮空気を作り、15気圧に減圧して消弧にも操作源にも使用する。

　第3の方式は、主に275kV以上の系統で2サイクル遮断が要求されるもの。遮断時消弧室への急速な高圧空気供給を可能とするため、消弧室の常時

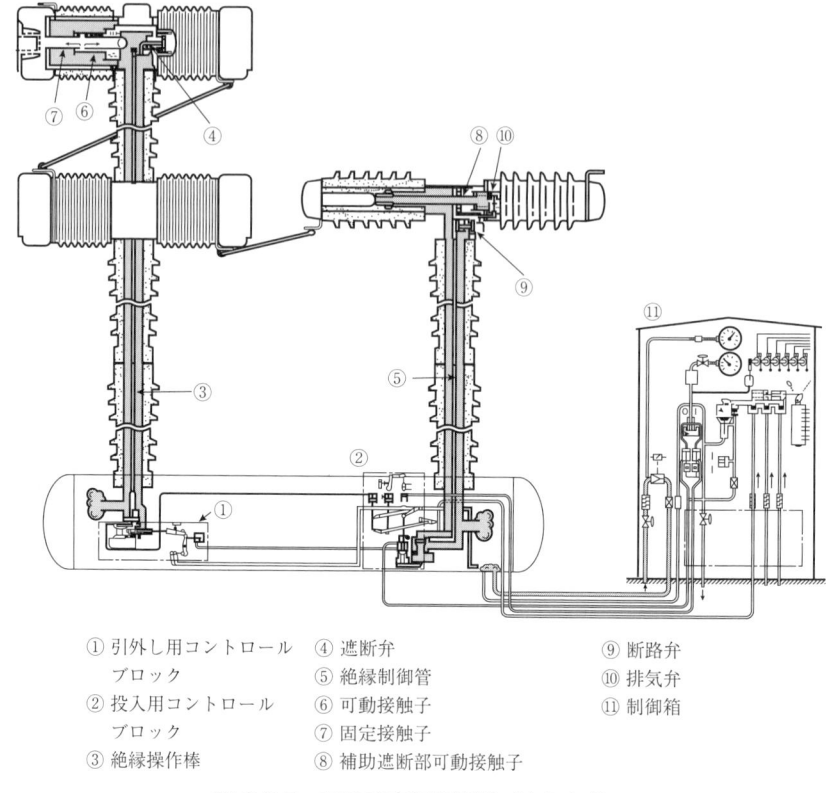

① 引外し用コントロール	④ 遮断弁	⑨ 断路弁
ブロック	⑤ 絶縁制御管	⑩ 排気弁
② 投入用コントロール	⑥ 可動接触子	⑪ 制御箱
ブロック	⑦ 固定接触子	
③ 絶縁操作棒	⑧ 補助遮断部可動接触子	

図 2.2.5　屋外用空気遮断器（第３方式）

充気式が採用され、また、系統安定度維持のため、500kV用では高速度閉回路も要求された。これに伴う再投入サージ抑制のため、投入抵抗方式が遮断器構造に付与された。図2.2.5に示すように、大電流遮断後の確実な極間絶縁確保のため、充気式断路部を設けた。空気源は150気圧でため込み、これを30気圧に減圧して吹き付け及び操作源に使用した。500kV-50kA（25GVA）2サイクル遮断、高速度再閉路方式の断路器が実現した。

ところで、第2、第3方式の断路器は80kVあるいは160kV単位毎のユニット方式として設計製造されたので、電圧階級に応じて消弧室を必要ユニット数だけ直列にして組み立てることが可能となる。素晴らしい構想であ

る。もちろん、対地絶縁は電圧階級に応じて支持碍子を積み上げることになる。

　国内では1943年になり、当時の立川航空技術研究所に23kV-500MVA空気遮断器が納入されたが、爆撃され実用化には至らなかった。実用化第1号は1953年に東京日比谷変電所に24kVの空気遮断器が導入されたのが始まりである。ただし、これは海外の製品を調べてその技術を導入し、模倣して製品開発にこぎつけたのが実態であった。BBC社の空気遮断器の技術は群を抜いてすぐれていたため、1953年頃から日本の各社がBBC社の技術を導入して空気遮断器の開発を立ち上げている。1958年、287.5kVのABB初めての日本国産品が南川越変電所に導入された。その後1971年には日本最初の550kV、50kA、ABB国産品が扇島変電所に採用された。

　ところで、空気遮断器では図2.2.4、図2.2.5に示すように、碍子の上部に遮断部を設けるため頭部が重い構造になり、耐震性に問題があった。さらに、近距離線路故障（SLF: Short Line Fault）に対する遮断性能が劣っているため、抵抗遮断方式を採用せざるを得ない。したがって断路部を設ける必要があり、550kVクラスでは8点切りと多点切りになること、従ってスペースが大きくなるといった問題点があった。加えて、遮断時に爆発音がするといった大きな問題点を抱えていた。なお、このSLF遮断は1953年頃から話題になったが、日本では1961年頃には国内でも合成試験で検証可能になり、積極的に試験されるようになった。

(3)　ガス遮断器（Gas Circuit Breaker, GCB）

　1960〜1970年代になると、空気遮断器の最大の欠点である操作時に発する騒音問題を解決するため、SF_6ガス遮断器の開発が進んだ。SF_6ガスは1900年パリ大学において、モアッサン（Ferdinand Fredenic Henri Moissan, 1852〜1907、仏）、ルボー（Paul Marie Alfred Lebeau, 1868〜1959、仏）らが硫黄（S）とフッ素（F）を直接反応させて合成したものである。1906年にノーベル賞を受賞している。SF_6ガスが実用的に用いられたのは、20世紀初頭、米国のAllied Chemical社（1920年設立）がウラン精製のために利用したのに始まる。このSF_6ガスが有する電流遮断能力が高いことを米国WH社が

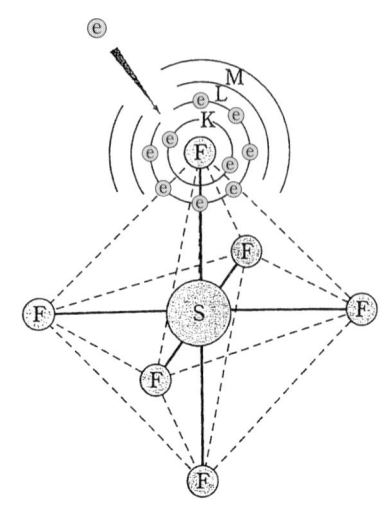

図 2.2.6　SF_6 ガスの分子構造
フッ素原子のL殻（最外殻）には電子の空席があるため、放電に寄与する電子を付着して、絶縁破壊を阻止する効果大。

認知し、1950年から1960年にかけて、WH社のブラウン（T.E.Brown）らは SF_6 ガスのアーク消滅現象の研究を始め、交流遮断器の消弧媒体として有効であることを明らかにした。この研究からWH社は「SF_6 ガスを電流遮断の消弧媒体として用いる」という遮断器への利用を特許化していた（Patent No.2, 757, 261）。さらに1970年代になると、SF_6 ガス生産の工業化が進み、SF_6 ガスを安く入手できるようになった。

SF_6 ガスは基本的に無毒、無色、無臭、無味、不活性気体であり、ガス自身は700〜900℃まで安定である。電気的には負性ガスであり、その分子構造は図 2.2.6 のように、放電に寄与する電子を吸着するので、絶縁性能は大気圧で空気の約3倍である。従って絶縁油並みの絶縁強度にするには3気圧にすればよい。他方、遮断性能に関してはおよそ空気の数倍以上である。ただし、SF_6 ガスはアークなどにより各種金属とともに加熱されると、200℃位から分解する。アーク消滅後は短時間で再結合して SF_6 ガスに戻るが、実際の機器では、ごく少量だが、F欠乏の硫黄化合物 SF_4、あるいは微量水分と反応した SOF_2、HFなどの有害分解ガスとなることに注意を要する。従って、機器内にはこれらガスの吸着剤を備えることを含め、機器の保守点検時には十分な配慮を必要とする。

ガス遮断器は、開発当初、WH社のガス吹き付けタイプを各社が模倣し、複圧式（二圧式）、すなわち、15気圧の高圧室から3〜5気圧の消弧室へガスを吹き付けて消弧作用を行わせる方式であった。遮断後はコンプレッサでガスを高圧室へ返すことになる。操作機構もこの高圧ガスを利用した。しかし間もなく、日本では、単圧式（パッファ式）として、消弧室の可動接点を開

2 電気の供給 73

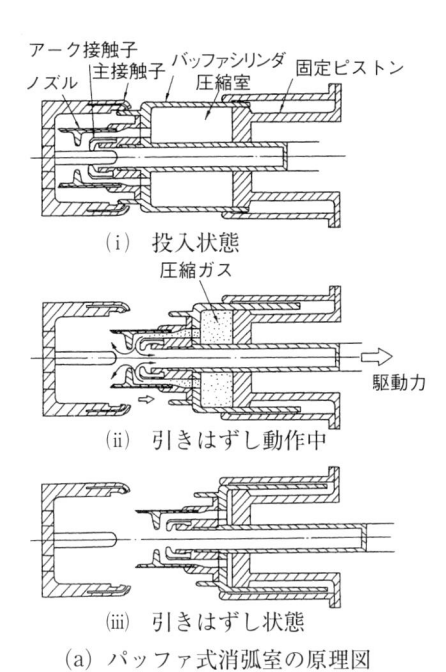

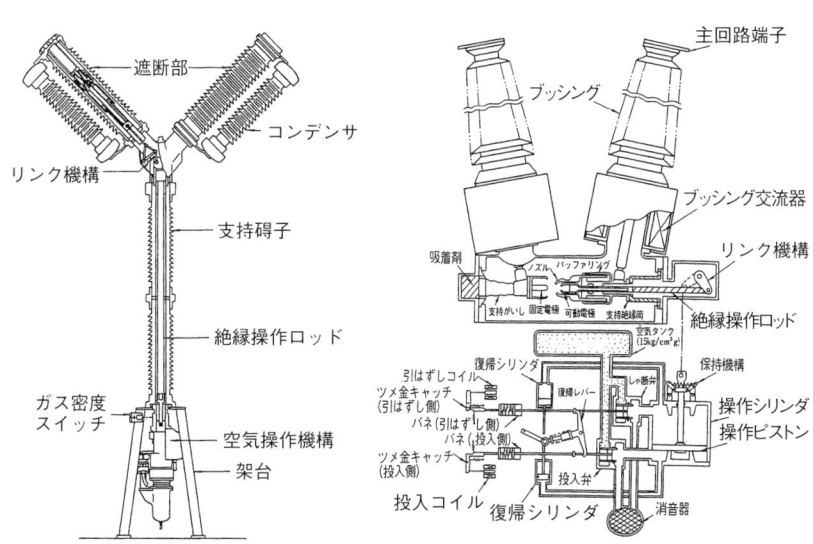

(i) 投入状態

(ii) 引きはずし動作中

(iii) 引きはずし状態

(a) パッファ式消弧室の原理図

(b) 碍子形ガス遮断器（単圧式）の構造　(c) タンク形ガス遮断器（単圧式）の構造

図 2.2.7　SF_6 ガス遮断器

動作させるとき、連動してパッファシリンダ内のガスを圧縮して、アークに吹き付ける方式の開発に各社が成功した。この原理図を図2.2.7(a)に示す。100kV以下では、主に操作機構に電動バネを用いたが、それ以上では200気圧の油圧を用い、操作機構の大幅な小型縮小化が図られた。

消弧室のガス圧力は4～6気圧が採用される。当初は、160kV-40kAを1点切りで処理していた。1972年に猪名川変電所に納められた550kV遮断器は4点切りであった。1989年には南アフリカESCOM社に納入された世界初の800kV遮断器も4点切りであったが、同年1989年には、各種の改良研究によって550kVで1点切りの遮断器が可能になり、現在製作されている。なお、複圧式にしても単圧式にしても、設置場所の冬期気温によっては、SF_6ガスの低温による液化防止のため、ヒーターによるガスの保温を配慮しなければならない。

ガス遮断器も空気遮断器と同様、碍子形も可能である。一例を図2.2.7(b)に示す。一方、消弧室をタンク内に収容し、これにブッシングを付けた同図(c)のようなタンク形も好まれている。これはブッシングなしで、次項2.2.3で述べるGIS（Gas Insulated Switchgear、ガス絶縁密閉型開閉装置）の重要部品としても使用される。この結果、ガス遮断器はGISの開発という面からも進展した。このような経緯から、ガス遮断器ではGISにはタンク形が、屋外用には碍子形が用いられるという使い分けも見られる。

(4) **磁気遮断器**（Magnetic Blow-out Circuit Breaker, MBB）

2.2.1で述べたように、磁気吹消し方式の磁気遮断器は、遮断電流をコイルに流して磁界を作り、フレミングの左手の法則により、アークを広げてアークシュートの狭い溝内に導いて延長することにより遮断する方式である。磁界によりアークを消弧室内に押し込み、消弧室内の障壁によって冷却して遮断するもので、1940年頃、米国で精力的に開発された。日本でも1943年に、東芝により磁気遮断器の原型となる、曲隙型磁気吹消し気中遮断器が開発されている。この遮断器は遮断媒体に油を使用しないので、火災に対する懸念がないという特徴があったが、油遮断器に比較して外形寸法が大きいという欠点があった。加えて、電流と磁束により発生するアークを引き延ばし

て冷却遮断するという遮断原理から、短絡電流のような大電流の遮断時には大きな消弧能力が生じるが、1000A以下の小電流の遮断には消弧能力が低下し、アーク時間が極端に長くなるという大きな課題があった。このため、この遮断器は商品開発には至らなかった。

このような遮断方式では高アーク抵抗遮断となり、遮断時に過電圧が発生することはない。そこで、遮断電流が少ないときには、開閉動作時の可動側にピストンを、固定部にシリンダーを取り付けた、エアーブースターといわれる、空気吹き付け機構方式の遮断方式を考案した。開路動作により接触子が開離した時に、閉路動作に伴って、ピストンによりシリンダー内で圧縮された空気流を可動アーク接触子に吹き付けて、接触子間に発生したアークをアークシュート（消弧装置）内へ押し込む方法でアーク時間を短くした。このようにして、空気吹き付け機構でアーク時間の短縮を図り、遮断電流の大小にかかわらず安定した遮断が可能となった。1951年には、最初の高圧磁気吹消し形遮断器（定格3450kV-600A、800A、1200A、50MVA）がキュービクルに収納され、東京八重洲口のビルに納入された。また、1957年には、当時の新鋭火力発電所の補機回路用に、定格4160V-1200A、2000A-250MVAの磁気遮断器が納められている。

現在も、20kV-50kA級まで主にキュービクルに収容して屋内用に重用されている。原理図を図2.2.8に示す。

磁気遮断器は消弧媒体に絶縁油を使わないので、火災に対する懸念がなく、保守点検が容易である。また、自己消弧方式のため、遮断時にサージ電圧を発生しないという特徴から需要が拡大し、ビル施設や工業動力制御用から火力発電所や原子力発電所の補機設備用として広範に使われるように

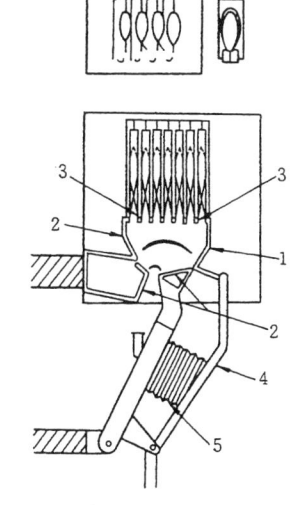

1：アーク接触子　4：補助ブレード
2：アークランナ　5：パッファ
3：ホーンピース

図2.2.8　ソレノイド・アーク式磁気遮断器の原理図

なった。

このようにして、磁気遮断器は昭和30年～40年代にかけて全盛期を迎え、真空遮断器が登場するまで、このクラスの主力遮断器としての一時代を形成した。

(5) **真空遮断器**（Vacuum Circuit Breaker, VCB）

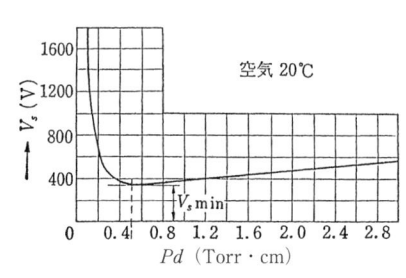

図2.2.9 平行平板でのパッシェン曲線
p：気圧（Torr）、d：ギャップ長（mm）、
V_s：火花電圧（V）

真空遮断器で用いられる真空度は 10^{-6}Torr 以下の高真空である。このような高真空での絶縁強度は、図2.2.9に示すパッシェン曲線のようにV字カーブの左側となって高くなり、1気圧での絶縁強度に比べておよそ100倍である。

遮断時に電極間で発生するアークは、電極材料が溶融して発生する金属蒸気とともにプラズマ状態になっている。周囲が真空であるのでこれらの蒸気は拡散現象により周囲へ移動し、電極やアークシールドに捕獲される。

電流零点でアークが消滅すると、極間絶縁が素早く回復して絶縁回復電圧に打ち勝てば遮断完了になる。真空遮断器の極間絶縁回復特性は極めて優れているので、近距離線路故障（SLF: Short Line Fault）や高周波電流遮断に有利である。

真空遮断の原理は19世紀末、1890年、イギリスで特許になっている。1920年代になって米国のソレンセン（R.W.Sorensen）により先駆的な開発が始まったが、第2次世界大戦後までは実用化できなかった[20]。戦後、米国GE社がこの技術にチャレンジしてから他社も競ってその実用化に注力したが、技術的に解決しなくてはならないいくつかの問題を抱えていた。日本では、1965年（昭和40年）、初めて真空中で電流を遮断する真空スイッチ（7.2kV, 100A）の製品化に成功した。しかし、いろいろ工夫しても30kA程度しか遮断できず、適用範囲に限界があるものと思われていた。

このような中で、1972年（昭和47年）に、日本で「縦磁界電極」の発見があり、真空遮断が受配電の分野で世界の標準遮断器となる動きがあった。これは、電極自体にコイルを取り付け、アークと平行に強力な磁界を加えることにより荷電粒子を磁界中に閉じ込め、電極全体に平等に分散させると、遮断性能が飛躍的に伸びることが明らかになったからである。これが真空遮断器の「縦磁界電極」である。真空遮断器に本格的に縦磁界を印加して試験を行い、1975年に一挙に12kV-200kAまで遮断可能であることが実験的に確認された。この技術は当時完成しつつあった核融合装置、JT-60用の直流用真空遮断器（44kV-130kA、開閉寿命4000回）にも適用された。さらに、この直流用真空遮断器の技術は、従来気中遮断器であった電車用直流遮断器の真空化にも応用されている。現在では、真空遮断器は中圧（3kV～70kV）級のすべての用途に適用できるようになり、1981年（昭和56年）に開発された定格電圧13.8kV、定格電流3000A、遮断容量100kAという世界最大容量の真空遮断器は電気学会進歩賞を受賞している。

さらに縦磁界電極を使うと真空バルブを小型化できるため、コストダウンが図られ、一般の需要家にも油遮断機に代わって使用できるような小型で手動操作の汎用真空遮断器が開発されている。

真空バルブの構造断面図を図2.2.10に、現在使われている代表的電極を図2.2.11に示す。電極間に発生するアークの分布を極力一様にすることにより、電極の一部過熱あるいは電極の溶融を減少させる効果を持たせている。真空遮断器をGEが開発にかかった当初は、電極はスパイラル形が用いられ、接点材料もCu-Biであった。ヨーロッパでもEnglish Electric

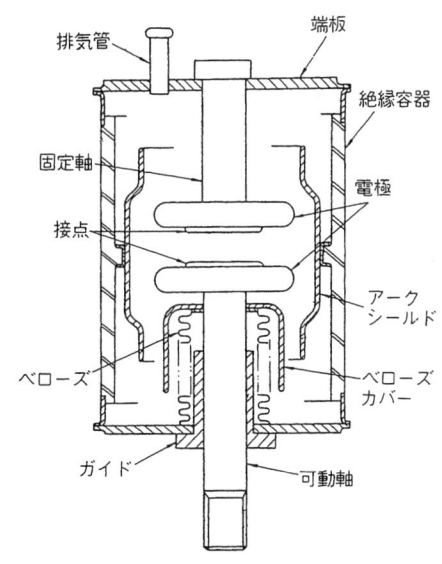

図 2.2.10　真空バルブの構造断面図

(a) 平板電極　(b) スパイラル電極　(c) コントレート電極　(d) 縦磁界電極

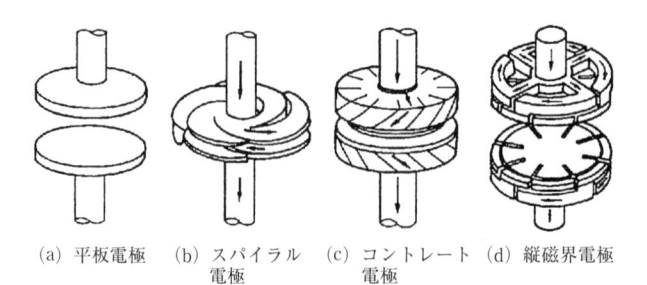

図 2.2.11　真空遮断器の電極構造例

社のリース（M.P.Reece）が真空遮断器の開発を始め、それまでのCu-Bi電極に代わってCu-Cr電極がここで開発された。現在は多くの遮断器でCu-Cr電極が使用されている。(a)平板電極は単なる平板であるが、(b)スパイラルと(c)コントレート電極は電極上のループを利用してアークを外側にはじき飛ばす構造である。これに対し、上記に説明した(d)縦磁界電極は磁界をアークに並行に働かせ、プラズマの散逸を防ぐことができる。無数のアークが分散してしかも非常に安定して電極上に点弧し、接点の消耗も非常に少ないという優れたものである。真空遮断器としての構造例を図2.2.12に示す。

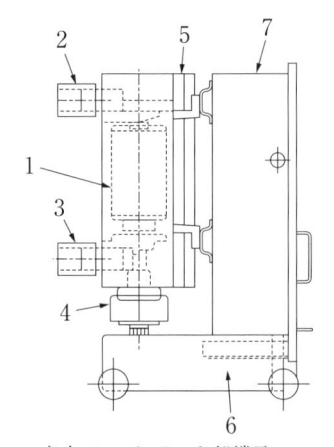

1：真空バルブ、2：上部端子、
3：下部端子、4：絶縁操作ロッド、
5：絶縁支持構体、6：操作器、
7：制御回路箱

図 2.2.12　真空遮断器の構造例

2.2.3　ガス絶縁密閉型開閉装置（Gas Insulated Switchgear, GIS）

1960年前後から欧州においては、電力需要の増大、しかも大都市への電力需要の集中的増大に加えて、大都市の土地価格の高騰などにより、変電所の小型縮小化が急務となった。これに応えるべく欧州メーカーは遮断器、断路器に加えて計器用変成器、母線などを含めて一括ガス絶縁化し、発変電所

２　電気の供給　79

(a) 単線結線図

(b) GISの構造断面図

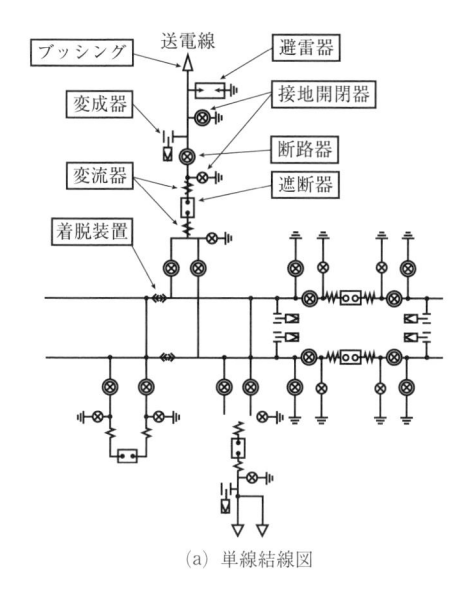

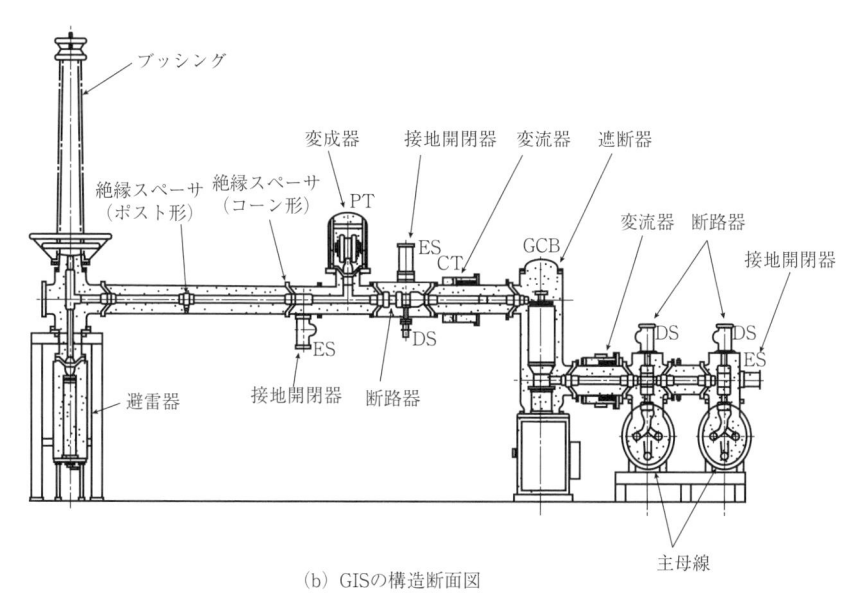

図 2.2.13　GIS 変電所

を小型縮小化するいわゆるガス絶縁密閉型開閉装置（GIS）の開発に乗り出した。SF_6 ガスは通常3気圧だと液化温度が−40℃なので、寒冷地にも適用できる。

一次変電所一回線分の単線結線図は図2.2.13(a)に示すとおりであり、これに従って、機器を配列したGISの構造断面図を同図(b)に示す。500kVの変電所での所要面積は従来のおよそ8％で済む。大都市部はもちろん、山奥の揚水地下発電所、塩害汚損地帯や砂漠地帯の発変電所などにも重用される。

2.2.4 遮断器の責務

遮断器が開閉操作指令により動作するとき、可動接点の動きは図2.2.14に示す通りである。前半部に開動作、後半部に閉動作の模様を示す。その中で重要なものを列挙すれば、

(1) 開極時間：引き出しコイル（Trip Coil）に電流が流れ始めてから、固定可動両接触子が開離を始めるまでの時間。およそ10ms。その後、両接触子間にアークが発生する。

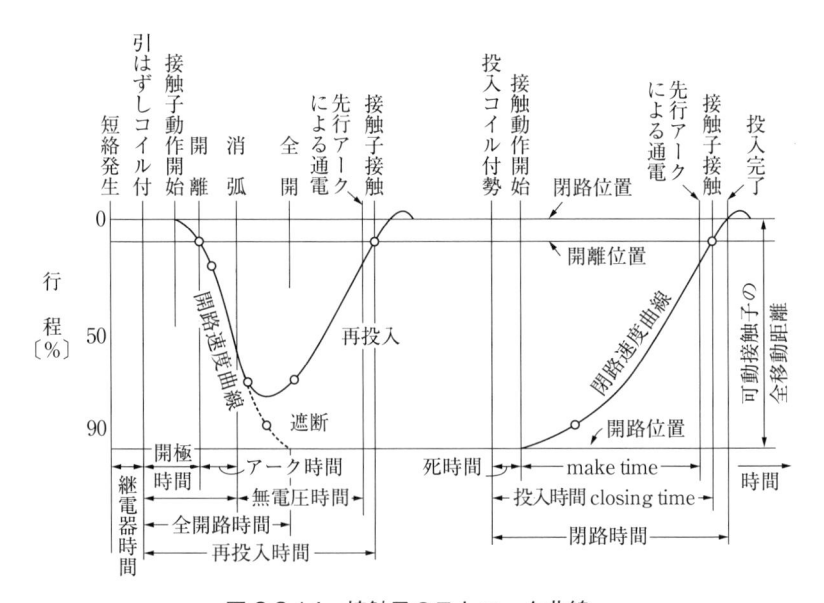

図2.2.14 接触子のストローク曲線

(2) 遮断時間：前記開極時間とアーク時間との和。

定格周波数基準で数えて，8, 5, 3, 2サイクルが標準とされている（JEC-145-1959では，定格遮断時間として3, 5および8サイクルを標準としていたが，その後の改定（JEC-181-1971、交流遮断器）で，新たに2サイクルを追加した）。

直流電流の場合には磁気力などを利用してアークを伸張し，気流を吹き付けるなどしてアークを冷却し，電流を遮断する。

他方，交流電流の場合，アーク発生後電流零点があるので，必ずその時点で電流は遮断される。その時，接点間の空間が急速に絶縁回復して，接点間に現れる再起電圧及び回復電圧に耐えることができれば遮断成功となる。

換言すれば，いったん電流零点を迎えてからの接点間の絶縁回復と接点に現れる過渡回復電圧との競争によって，遮断が成功裏に終了するか否かが検討の対象となる。

また，遮断器は当該線路あるいは系統の運用上，下記表2.2.2のような種々の操作を要求される。これを動作責務という。

表2.2.2 標準動作責務

種別	記号	動作責務
一般用	A	O ― (1分) ― CO ― (3分) ― CO
	B	CO ― (15秒) ― CO
高速度再投入用	R	O ― (θ) ― CO ― (1分) ― CO

ここに、O ：遮断動作。
　　　　CO ：投入動作に引き続き猶予なく遮断動作を行なうもの。
　　　　θ ：再投入時間。0.35秒を標準とする。

（注）標準動作責務は、甲号、乙号、再投入と呼称されていたが、1971年の改定（JEC-181-1971、交流遮断器）により記号を設け、それぞれ、A, B, Rとした。また、再投入用には、故障点の消弧時間と系統の安定度とを考え、かつ機構に過度の負担がかからないように再投入時間の標準値を定めている。

さらに交流遮断器の規格は系統条件、遮断器技術の変遷、IEC規格の改正

などを踏まえて 1998 年に JEC-2300-1998 として改定された。その後、2001 年に対応 IEC 規格である IEC62271-100 "High-voltage switchgear and controlgear Part 100: Alternating current circuit breakers" が大幅に改正・再編された。これを受けて、日本での規格 JEC にも反映する機運が一層高まり、加えて、電力系統の条件、遮断器の性能・機能が多様化し続けていることを受けて、2010 年、JEC-2300-2010、交流遮断器として改定となった。主な改定点は次の通りである。

・短絡試験における試験動作責務の名称を IEC 規格に合わせて、T10, T30, T60, T100s および T100a に変更した。
・高速再閉路用動作責務の時間規定として再閉極時間（再投入時間）（θ）0.35 秒をなくし、IEC 規格に合わせて無電圧時間(t)0.3 秒とした。
・その他、我が国の系統内容を反映した調査解析結果から、短絡試験における直流分減衰時定数や振幅率、波高値を変更した。さらに試験値の許容範囲を明確にした。真空遮断器に関して、気密試験、連続開閉試験、短絡試験後の状態確認などを規定した。

　従って、遮断試験においては、要求の動作責務に応じて表 2.2.2 のような試験シーケンスが組まれる。
　ここで留意すべきことは、遮断能力を第一義的目的とするものの、遮断器は回路が短絡状態でも投入できることが重要であり、十分な投入力を付与しなければならないことである。さらに、回路を閉じておくこと、すなわち接触（Switch contacts）の役目も果たす必要がある（通電状態）。
　遮断器が通電状態にあるとき、たとえ投入指令中でも引き外し装置が優先作動し、遮断器を引き外さなければならない。引き外し完了後、まだ投入指令が出ていても投入動作を行わない。一度投入動作を解いて再び投入指令を出した時に初めて投入動作が行われる。このような機能を「引き外し自由」（Trip Free）という。これは非常に重要な機能で、投入指令中でも引き外すことのできる「引き外し優先装置」と、できない機能「ポンピング防止装置」を備えるべきであることを言っている。
　以下、遮断回路の対象ごとにやや細かく検討する。

(3) 遮断器端子故障遮断（BTF: Breaker Terminal Fault Interruption）

遮断器の負荷側根元端子で、三相短絡が発生した時の遮断器に要求される責務は最も代表的なもので、これを BTF 責務（遮断器端子故障遮断責務）という。

この時の遮断すべき電流（短絡事故電流）は遮断器からみた電源側のインピーダンスによって決定されるが、抵抗分は少なく、ほとんどリアクトル分なので、電流は遅れ大電流となる。図 2.2.15 のように交流分に重畳する直流分を含んだものとなる。直流分は短絡事故回路の L/R（インダクタンス／抵抗）により決まる。この直流分、交流分ともに時間とともに減衰する。遮断器の定格遮断電流は遮断過程で発弧する瞬時の交流分実効値で表わし、標準値として下記のような系列値が標準化されている。

6.3, 8.0, 10, 12.5, 16, 20, 25, 31.5, 40, 50, 63, 80 （kA）

さて、このような電流の力率（$\cos \phi$）は既述のようにほとんど遅れ 90 度

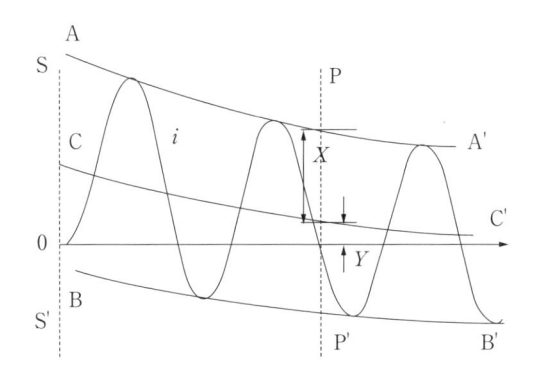

i：遮断電流
SS'：短絡瞬時
$AA'\atop BB'$：電流波の包絡線
PP'：発弧瞬時
CC'：AA' および BB' 間の縦軸に平行な距離の等分線
X：遮断電流の交流分振幅
Y：遮断電流の直流分振幅

図 2.2.15　遮断電流波形（BTF）

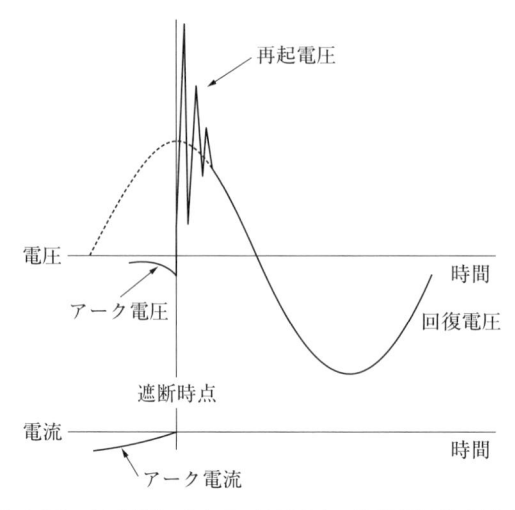

図 2.2.16　接点間に表われる遮断時の再起電圧と回復電圧

であるから 1.0 であり、電流零点で電流が切れても接点間にかかる電圧はその波高値付近となる。これが過渡的振動過電圧になって接点間に現れる。その模様は図 2.2.16 に示す通りである。最初の部分を"再起電圧"という。その後、過渡振動が収束してから現れる電源周波数成分の電圧を"回復電圧"という。電流消滅後の接点間の絶縁強度はこれに耐えなければならず、電流零点後の接点間の絶縁回復と再起電圧の発生、並びにその大きさと絶縁耐力との競争で遮断の可否が決まる。場合によっては、再び接点間で放電が始まり、再通電状態になることもある。このような現象を"再点弧"という。もしこのような再通電が遮断零点以降 1/4 サイクル以内で発生すれば、これを"再発弧"という。

上記"再起電圧"は一般に複数周波成分からなり、複雑なものである。遮断器の遮断成功に影響するのは再起電圧の上昇率と波高値である。よって、再起電圧の包絡線を考えてその初期上昇率及び波高値に注目し、これを 4 パラメータあるいは 2 パラメータで表示する。詳細は割愛するので、規格を参照されたい（JEC-2300-2010、交流遮断器）。

このような遮断性能を検証するため短絡試験が実施される。比較的低電圧、小電流用遮断器の短絡試験であれば、直接短絡試験設備を組み上げて試験可

能なこともあるが、高電圧大電流大容量用遮断器（たとえば、500kV-50kA-45GVAなど）の場合は、直接遮断試験は不可能である。そこで、これを等価的に合成試験によって検証するための試験法が各所で研究され、電流重畳法や電圧重畳法が提案されている。ここでは、前者（電流重畳法）に属する図2.2.17に示すようなワイル・ドブケ（Weil-Dobke）法[21]について簡単に説明する。

　この方法は、1953年、ドイツのAEG社により発表されたもので、図2.2.17において、遮断電流を電流側回路から供給し、その電流零点前を検出して、電圧側回路の始動ギャップgを始動させ放電させる。コンデンサC_vにあらかじめ充電されていた電荷は始動ギャップg、電圧側電源調整用インダクタンスL_vを通じて供試遮断器S_pに供給される。すると、高周波の電流i_vを発生し、S_pを流れている電流iに重ね合わされる。

　iはその零値においてS_hにより遮断され、時点T_0以後S_pにはi_vのみが流れる状態になる。S_pが遮断に成功する場合には、(b)図に示すようにi_vはその時点T_2において遮断され、S_pの端子間にはL_v, R_e, C_e, C_v及び充電電圧e_vによって決まる再起電圧e_rが現れる。もし、S_pが遮断に失敗すれば、(c)図に示すようにi_vはさらに継続して流れ、その遮断時点$T_2{}'$以後に初めてS_pの端子間に再起電圧が現れるか、またはi_vが永続して再起電圧が現れない。

　ギャップgの放電時点T_1すなわちiの零点前数百μsの時点は変流器CTと検出装置にて検出され、この信号によりgの始動が行なわれることにより放電するものである。なお、電圧源電流i_vの周波数は、商用周波数の10倍程度に選ばれるのが普通である。

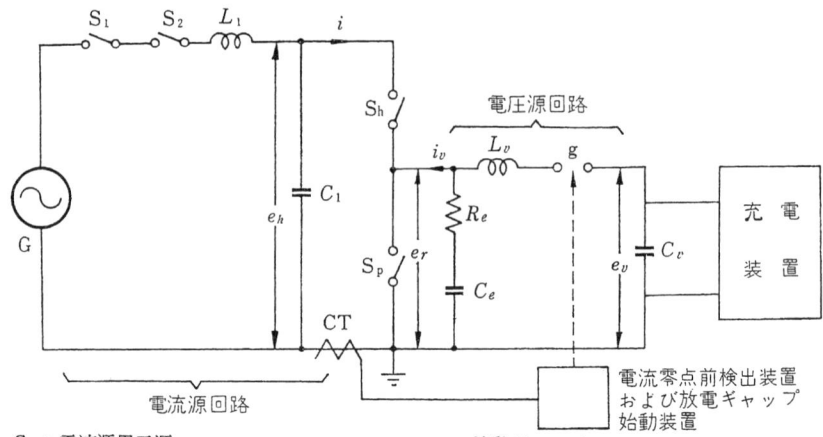

G ：電流源用電源
S_1 ：保護遮断器
S_2 ：投入スイッチ
L_1 ：電流源電流調整用インダクタンス
C_1 ：電流源回路コンデンサ
S_h ：補助遮断器
S_p ：供試遮断器
C_v ：電圧源コンデンサ
L_v ：電圧源電流調整用インダクタンス
C_e ：再起電圧周波数調整用コンデンサ
R_e ：再起電圧振幅率調整用抵抗

g ：始動ギャップ
i ：電流源電流
e_h ：電流源回路によるS_hおよびS_pのそれぞれのアーク電圧～回復電圧の和
e_v ：電圧源電圧（c_vの充電電圧）
i_v ：電圧源電流
e_r ：電流源および電圧源回路によるS_pのアーク電圧および電圧源回路によるS_pのアーク電圧～回復電圧
CT：電流零点前検出用変流器

(a) ワイルードブケ（Weil – Dobke）法

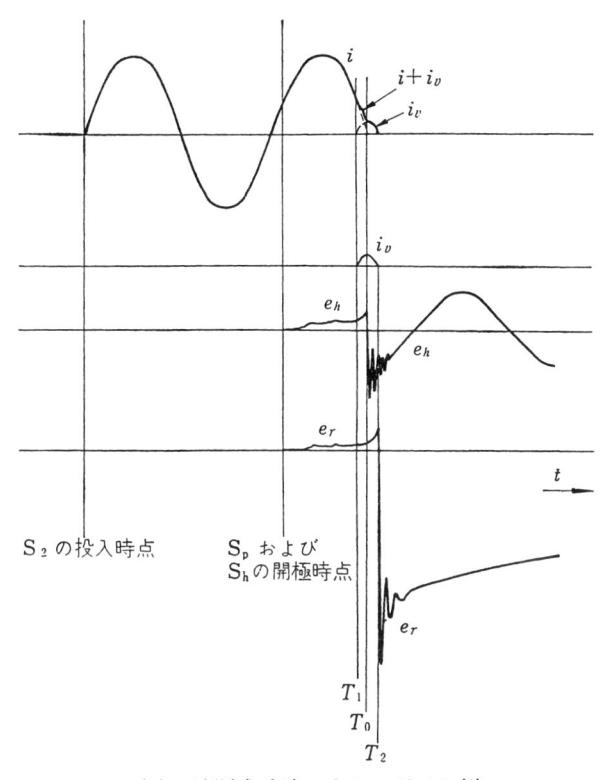

(b) 遮断成功時のオシログラム例

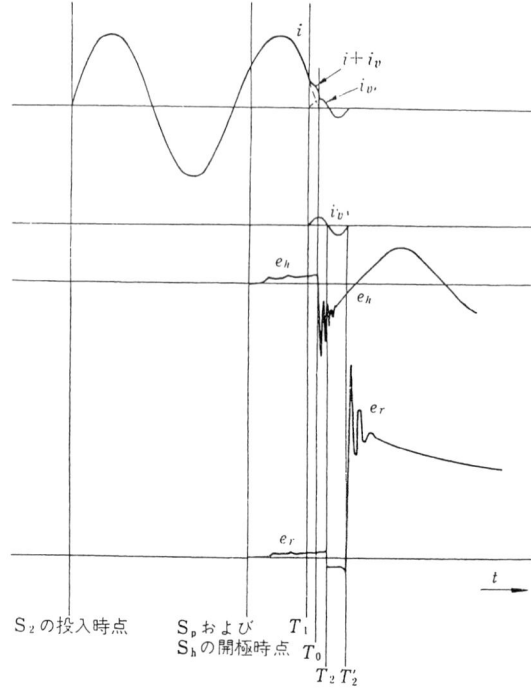

i：電流源電流

i_v：電圧源電流

e_h：$t = T_0$ 以前

  S_p および S_h のそれぞれのアーク電圧の和

 $t = T_0 \sim T_2$（遮断成功時）

  $T_0 \sim T_2'$（遮断失敗時）

  S_p のアーク電圧と S_h の再起電圧〜回復電圧の和

 $t = T_2$ 以後（遮断成功時）

  T_2' 以後（遮断失敗時）

  S_p と S_h のそれぞれの再起電圧〜回復電圧の和

e_r：$t = T_2$ 以前（遮断成功時）

  T_2' 以前（遮断失敗時）

  S_p のアーク電圧

 $t = T_2$ 以後（遮断成功時）

  T_2' 以後（遮断失敗時）

  S_p の再起電圧〜回復電圧

 (c) 遮断失敗時のオシログラム例

図 2.2.17 電流重量法の例

(4) 進み電流遮断（Capacitive Current Interruption）

図 2.2.18(a)に示すようなコンデンサ回路を遮断するとき，電流零点で遮断してもコンデンサには波高電圧を蓄えているので，半サイクル後接点間には波高値の 2 倍の電圧が現れる。もしここで再点弧すれば，同図(b)のように波高値の 3 倍の過電圧が対地に現れて大事に至ることもあり得る。このような再点弧が発生しないような遮断器が望まれるのは当然である。

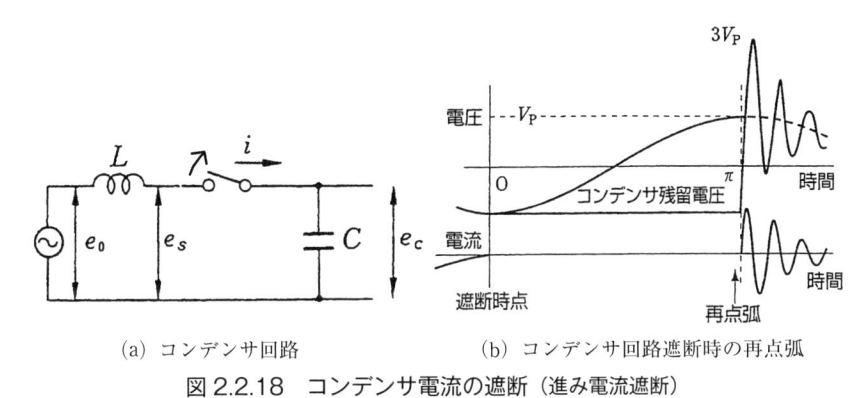

(a) コンデンサ回路　　　　　(b) コンデンサ回路遮断時の再点弧

図 2.2.18　コンデンサ電流の遮断（進み電流遮断）

(5) 遅れ小電流遮断（Small Inductive Current Interruption）

図 2.2.19(a)に示すような無負荷変圧器の励磁電流を遮断するとき，元来その電流は小電流であり，他方遮断器の切れ味が優れていると，電流の零点以前に電流を切ってしまうことが時に起こることがある。電流遮断（Current Chopping）という。もっとも，近時の遮断器で発生することはまれであるが，現象として理解しておくことは重要である。

すなわち，無負荷変圧器の励磁電流の裁断値を図 2.2.19(b)のように I_m と

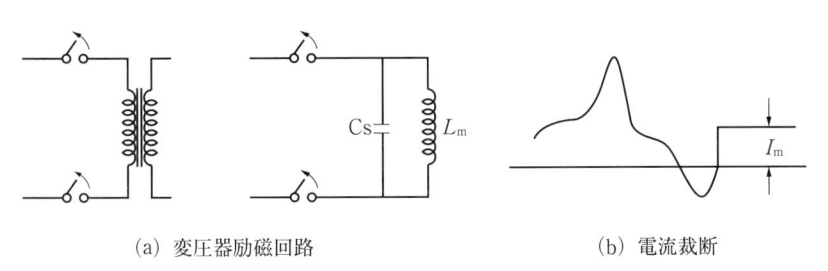

(a) 変圧器励磁回路　　　　　(b) 電流裁断

図 2.2.19　励磁電流遮断（遅れ小電流遮断）

すれば、変圧器鉄心内に蓄えられるエネルギー E_m は

$$E_m = \frac{1}{2} L_m I_m^2$$

　　　ただし、L_m：変圧器の励磁インダクタンス
　　　　　　I_m：裁断電流値

このエネルギーが回路の静電容量 C_s にエネルギー $\frac{1}{2} C_s V_s^2$ として転換される。その過程で振動して過電圧となる。すなわち、下式で表わされるエネルギー等式が成立する。

$$\frac{1}{2} L_m I_m^2 = \frac{1}{2} C_s V_s^2$$

　　　ただし、C_s：変圧器を含む励磁回路の対地静電容量
　　　　　　V_s：静電容量端子に現れる電圧

両式より V_s は下記のように求められる。

$$V_s = \sqrt{\frac{L_m}{C_s}} I_m$$

(6)　近距離線路故障遮断（Short Line Fault Interruption）

図 2.2.20(a)のように遮断器から比較的近距離の線路で発生した事故を遮断すると、遮断すべき電流は BTF のときより少ない電流であるのにもかかわらず、線路上に残された電荷が線路上を往復反射して、遮断器の開極接点間にかなり急峻な波形の電圧が現れ、遮断器にとっては極めて過酷な遮断条件となる。その模様を同図(b)に示す。その過渡電圧上昇率 S は下記のように表わされる。

$$S = \sqrt{2} I Z 2 \pi f$$

　　　ただし、I：遮断電流
　　　　　　Z：線路のサージインピーダンス
　　　　　　f：電源周波数

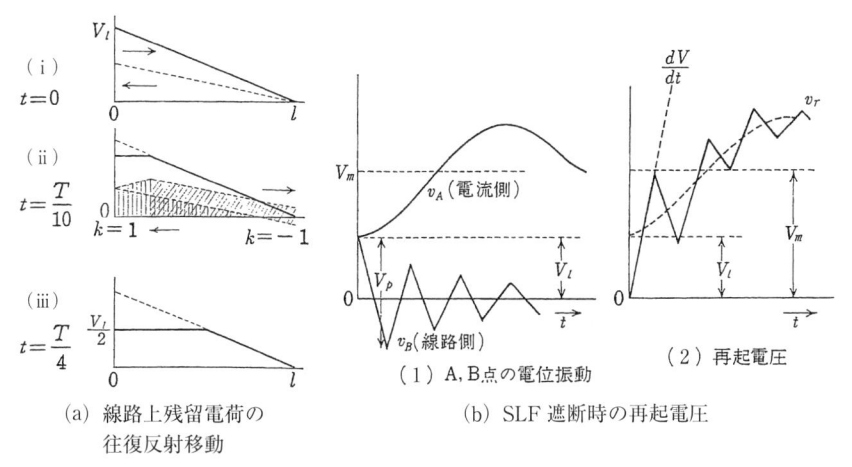

(a) 線路上残留電荷の往復反射移動

(i) $t=0$

(ii) $t=\dfrac{T}{10}$

(iii) $t=\dfrac{T}{4}$

(b) SLF遮断時の再起電圧

(1) A, B点の電位振動

(2) 再起電圧

図 2.2.20　SLF遮断（近距離線路故障遮断）

これ以外にも遮断器が遭遇する色々な遮断条件があり得るが、ここでは割愛する。

2.2.5　遮断器開発のための等価試験方法

1953年頃から日本の各社は空気遮断器の開発を進めた（2.2.2参照）。この過程で日立は1959年、大容量空気遮断器の等価試験法を考案し、図2.2.21に示すような短絡電流等価試験回路を提案した。この等価試験回路による等

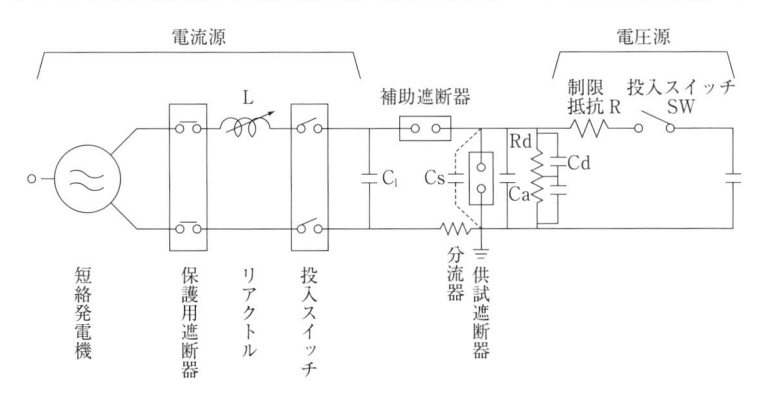

図 2.2.21　短絡電流等価試験回路

価試験を実施することにより、その試験結果と実負荷試験の結果がよく一致することを確かめた[22]。この等価試験法は空気遮断器の発展に大きく寄与した。

参考文献
(19) G.Stern&Biermanns: E.T.Z.,617,（1916）
(20) R.W.Sorensen and H.F.Mendenhall: "Vacuum Switching Experiments at the California Institute of Technology." Trans. AIEE, vol. 45, pp1102-1105, September（1926）
(21) Sheng B.L（ABB Switchgear AB）: "Design Consideration of Weil Dobke Symthetic Testing Circuit Breakers", 2001 IEEE Pes Winter Meeting, 295-299,（2001）
(22) 山崎精二：「空気遮断器に対する等価試験法」、電気学会誌、79巻、p896（昭34）

2.3　電力供給回路の雷撃保護　―避雷器

1910年代、アメリカの10kV架空配電線で落雷による閃絡事故が多発し、碍子のフラッシオーバを始め、変圧器事故をも伴った。対策として、単純な気中ギャップで線路への雷撃を放電させることが意図された。図2.3.1に1000V回路用に取り付けられた気中ギャップアレスタの例を示す。中央部分は接地されており、他の両側の2つの端子は回路の両端子に接続されている。この気中ギャップは常時の運転電圧では絶縁を維持しているが、いったん雷のような過電圧が到来すると放電し、過電圧エネルギーを大地へ逃がし、近傍の線路や機器を保護するものである。しかし、この種の気中ギャップは雷が過ぎ去り、元の交流電圧に戻っても交流電圧（続流）を遮断しきれないという難点を有する。これを克服するため、1930年代になり、電源電圧では高抵抗を、雷のような高い電圧では低い抵抗を示す非直線性の抵抗体、炭化ケイ素SiCの開発がなされた。これをギャップに直列に入れることにより雷撃の際の雷電流を放出し、その後、電源電圧を遮断し、定常状態に復帰させ

る本格的な避雷器が登場した。

この間、耐雷に関する考え方も進んだ。雷害事故を防ぐために線路碍子の長さを増やし、碍子の事故を減らそうとすれば、変圧器へ侵入する雷電圧が電位振動により高くなり、逆に変圧器の事故を増やすことになる。すると、変圧器製作者は内部の絶縁強度を増やそうとする。例えば、1936年に製作されたボルダーダム（Boulder Dam）向けの 1ϕ-60Hz-55000kVA-287.5kV 変圧器では1500kVのインパルス電圧試験が実施された。現用規格での試験電圧は1050kV、950kVまたはそれ以下である。これでは碍子製作者は面白くない。"いたちごっこ"になり、両者間の妥協が必要になった。

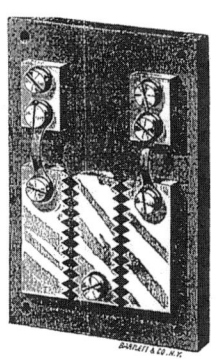

―LIGHTNING ARRESTER, 1888
This arrester was installed on 1000 volt circuits. The middle section was grounded and the other two were connected to the dynamo terminals. It worked well if there was no lightning; but a spark was apt to be followed by dynamo current which volatilized the spark points and short-circuited the dynamo.

図2.3.1　気中ギャップアレスタの例1000V回路用

このような問題を円満に解決するため、1928年米国のルイス（W. W. Lewis）とスポーン（P. Sporn）は、電力系統に繋がる各種機器の絶縁強度の協調を図る必要性を説いた。いわゆる"絶縁協調"論を展開した。(Transmission Line Engineering, W. W. Lewis, Mc-Graw-Hill, 1928)

これと前後して、1930年代前半までには陰極線オシログラフの活用が可能となり、雷観測（雷電圧、電流の波形、大きさ）が進み、また、急峻雷サージが変圧器に侵入すると、変圧器巻線内部で電位振動が発生し、巻線対地及び巻線内のセクション間、ターン間に過電圧が発生することが解析的にも明確にされた。さらに、避雷器や碍子などの気中ギャップと油浸絶縁物の絶縁破壊電圧と絶縁破壊までの時間、いわゆるV-t特性に差異があること、すなわち、雷インパルス破壊電圧と交流破壊電圧との比（インパルス比）が異なることが判明し、雷インパルス電圧試験の重要性が一段と増した。以前は機器の耐電圧値は機器定格電圧の2倍の交流電圧値の試験のみが行なわれて

いたが、さらに雷撃を模擬したインパルス電圧の試験も行われるようになった。

前述の避雷器に関しては、1970年代になって、日本で従来の炭化ケイ素SiCより非直線性の優れた酸化亜鉛ZnO素子が開発され、ギャップを必要としない避雷器が開発され、今日世界各地で使用されている。以下に避雷器開発の経緯と動作責務について述べる。

2.3.1 気中放電ギャップから酸化亜鉛形避雷器まで

既述のように雷撃保護に気中ギャップの取り付けが考案された。しかし、これには続流能力がない。避雷器として機能するようになるためには、雷撃に対して遅滞なく放電を開始し、雷電圧を保護される電力機器の耐電圧以下に制限し、さらに続流を遮断する能力を必要とする。言い換えるなら、電力系統に落雷があれば、弁を開いて雷電圧を放流させ、その電圧を制限電圧以下に抑え、雷が去れば弁を閉じ、定常状態に戻す能力を持つということである。これに適合する非直線抵抗素子を持つ直列ギャップ形避雷器の開発に進むことになるが、その開発の経緯を以下に示す。

(1) **弁形避雷器（非直線性抵抗体以前のもの）**

このような状況下で、1920年初期から制限電圧の低下と続流遮断向上を図った各種の弁形避雷器が開発され、1935年頃まで製造された。弁作用を持つものとして、アルミニウム電解被膜を利用したアルミニウムセル避雷器が1911年に導入されたのに始まる。アルミニウムセル避雷器は一対のアルミ電極をホウ酸液などに浸けて表面に電解被膜を化成させ、その非直線性抵抗を利用したものである。しかしこの被膜は劣化消失するので、毎日セルの充電を必要とした。

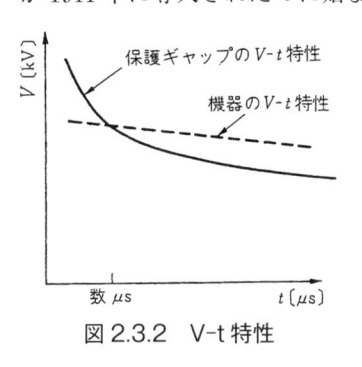

他方、オキサイドフィルム避雷器（Oxide film arrester、酸化被膜避雷器）は過酸化鉛（PbO_2、二酸化鉛ともいう）の続流による化学変化を利用したものも開発されたが、こ

図 2.3.2　V-t 特性

れも毎月1回セルの保守点検を要した。PbO$_2$ は後に丸薬状にペレット化して特性要素とし、直列ギャップと組み合わせて用いられた。

この間、オシログラフによる急峻波電圧の雷観測も進み、上記気中ギャップのV-t特性（電圧対時間特性）も図2.3.2のように測定され判明してきた。すなわち、気中ギャップの放電開始電圧Vと放電に至るまでの時間tとの関係（保護ギャップのV-t特性）が、t = 1.0 μs 以下では放電開始電圧VがV$_{50}$（50％放電電圧）の1.5～2.0倍となる特性を示す。すなわち、保護ギャップのV-t特性が気中ギャップで保護される機器のV-t特性を上回ってしまう結果となる。おそらくこのような事実も非直線抵抗体の開発を急がせる動機になったのではないかと考えられる。

(2) 弁抵抗形避雷器

このような背景のもと、Pパルプ（紙）避雷器や炭化ケイ素 SiC 避雷器が登場した。Pパルプ避雷器は絶縁紙にアルミ箔を貼り、筒状に巻き締めて特性要素としたものである。1930年頃、米国で炭化ケイ素 SiC の非直線抵抗体円盤が開発された。炭化ケイ素粉末を焼結体としたものである。この焼結体などのことを特性要素という。この SiC 素子こそが弁抵抗形避雷器の開発へと結びついた。放電電極により、その電流の変化があたかも「弁」作用による液体の流れのようになることから、「弁抵抗避雷器」と呼ばれる。この

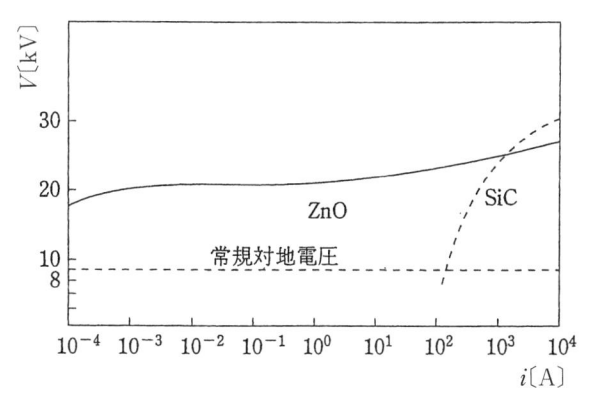

図2.3.3 避雷器特性要素の電圧－電流特性（V-i特性）

図 2.3.4　瞬滅ギャップ

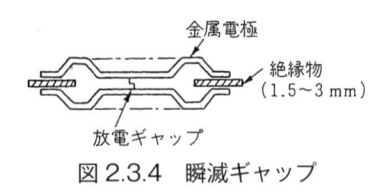

非直線性抵抗体の代表的 V-i 特性を図 2.3.3 に示す。なお、現在の酸化亜鉛素子の V-i 特性も併示した。

この弁抵抗形避雷器は複数の特性要素と、図 2.3.4 に示すような「瞬滅ギャップ」と呼ばれる複数の直列ギャップとを交互に直列に重ねた構造で、碍管に収納される。ギャップの放電開始電圧、特性要素の特性を維持するため碍管の気密性の保持、さらには大電流や続流遮断の失敗を想定した碍管の防爆構造が付与された。

(3)　磁気吹消し形避雷器

1955 年頃、日本において、275kV 超高圧系統への低減絶縁階級採用のため、開閉サージ責務をも考慮に入れた避雷器が要求され、磁気吹消し形避雷器が登場した。これはギャップ間に発生するアークを磁気力によって駆動、延長して速やかに冷却、消弧するものである。磁界発生のためには、アーク電流自身が作る磁界を利用して自己駆動するもの、磁性体が作る磁界を用いて駆動するもの、永久磁石の磁界に頼るものとさまざまである。最も単純な磁性板を利用した駆動方法のものを図 2.3.5 に示す。磁性板の磁束によりアークが消弧されていく様子を同図(b)に示す。

(4)　限流形避雷器

1960 年代、日本において、「550kV 超々高圧系統建設に向けて、低減絶縁階級を採用するため制限電圧をさらに低減したい」、という要求に応えて限流形避雷器が開発された。

すなわち、これまで制限電圧は主に特性要素によって決められ、ギャップは放電開始と続流遮断の役目を担うものであった。それに対し、この限流形避雷器は図 2.3.6 のように、ギャップに発生する続流アークを磁気力などで

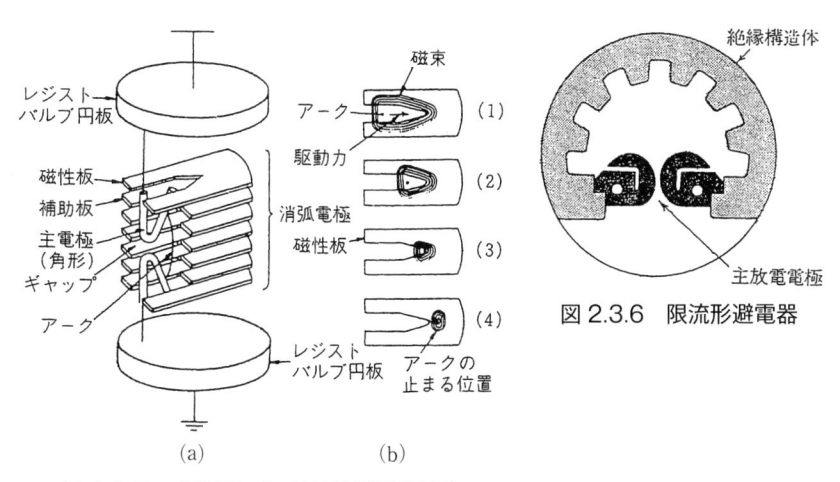

図 2.3.5　磁性板による続流遮断原理図

図 2.3.6　限流形避雷器

伸張させ、同時に限流して、特性要素の制限電圧低減を可能にすることを目的としたものである。言い換えると、避雷器責務の一部を特性要素からギャップへ移すことを意図したものである。

(5) 酸化亜鉛形避雷器

このように、炭化ケイ素 SiC 特性要素を頼りにした避雷器の時代はかなり長く続いたが、1968 年に世界に先駆けて日本で酸化亜鉛 ZnO 素子の開発に成功した。この酸化亜鉛形避雷器は、素子の抵抗の非直線性が炭化ケイ素よりはるかに優れていて、常時の運転電圧では電流が流れない。一方何万アンペアという大電流が流れても、電圧上昇が炭化ケイ素避雷器よりはるかに少ない。そのために、直列ギャップがいらなくなり、ギャップレス避雷器ともいわれ広く普及した。電圧抑制効果が優れているだけではなく、直列ギャップが必要ないので構造が簡単となる。従って小型軽量になるうえに、放電の時間遅れによる動作電圧のばらつきがなくなり、信頼性が著しく向上した。今や我が国だけではなく、世界中の変電所で、この日本で開発された酸化亜鉛形避雷器が使われている。

この避雷器の起こりは低電圧用の非線形抵抗バリスタである。バリスタは

松下電器産業で松岡道夫氏らにより 1968 年に開発されたもので、低電圧の保護装置に用いられた[23]。材料は酸化亜鉛 ZnO だけではなく、ZnO を主成分として、Bi_2O_3、CoO、MnO、Sb_2O_3 などの各種の酸化物を混合し、高温で焼成したものである（酸化亜鉛多結晶焼結体 ZnO バリスタ）。そのために、欧米では金属酸化物（Metal Oxide）避雷器という名称のほうが一般的である。酸化亜鉛 ZnO だけでは非直線性がなく、上記のようなその他の酸化物が 5〜10 ミクロンの ZnO 粒子を取り囲んでごく薄い粒界層を形成することにより、この境界部分が非線形抵抗のもとになっている。この酸化亜鉛を主成分として様々な微量添加物を混合し焼結した物質が小電流領域から大電流領域までの優れた非直線性を持つこと、またエネルギー吸収能力にも優れていることがわかった。

このバリスタから高電圧大電流の電力用避雷器を開発したのが明電舎の小林三佐夫氏のグループである。すなわち、上記の電子回路用であった ZnO バリスタが、高電圧機器の避雷器として炭化ケイ素焼結体に置き換わるだけではなく、避雷器に必要とされていたギャップをも取り去る可能性があるものとして注目された。1970 年から電子回路用バリスタの避雷器への適用可能性を探って明電舎と松下電器産業無線研究所（当時）との共同研究が開始された。1973 年（昭和 48 年）に明電舎が松下電器産業との共同で、直列ギャップなしの 66kV 用酸化亜鉛形避雷器を開発し、その後、他の電力機器メーカーがこぞって開発に参入した。1975 年、世界で初めての酸化亜鉛形ギャップレス避雷器、66kV 重汚損形避雷器が九州電力隼人変電所に適用された。この酸化亜鉛形避雷器の開発によって、変電所の機器ははるかに効果的に過電圧から保護された。その結果信頼性が向上し、変電所の機器はさらに小型化した[24]。

酸化亜鉛形避雷器の V-i 特性はすでに図 2.3.3 に示した。数式表示すれば下記のようになる。

$$i = KV^a$$

ただし、K：定数、 $a = 20$ for SiC、 $a = 40$ for ZnO

図あるいは数式から明らかなように、特性要素に常時印加される電圧（連続使用電圧）を的確に設定すれば、酸化亜鉛素子に流れる漏れ電流は数 μA 以下であり、特性要素が熱的に安定であれば、続流遮断のためのギャップを全く必要としない。ギャップがなければ、その放電開始電圧に対する設計上の配慮も不要、同時に V-t 特性上の諸問題も消滅する。ギャップ付きでは、直列接続された各ギャップへの電位分布にも配慮を要した。特に汚損下あるいは活線洗浄下での電位分布の乱れにも対策を要したが、一般には酸化亜鉛形避雷器では特性要素の極端な温度上昇、熱暴走もなく、この問題が著しく軽減された。構成上もギャップがない分、小形軽量化されるのはもちろんである。

なお、酸化亜鉛素子を使用しながらも、図 2.3.7 のように直列ギャップを付けたり、並列ギャップを付けたりすることがある。これは制限電圧を特に低くして、保護特性を一段と向上させることを目的としたものである。

酸化亜鉛素子は粉末酸化亜鉛を主成分とし、これにビスマス Bi やコバルト Co などの少量添加物を混合し、成形して焼結したものである。酸化亜鉛

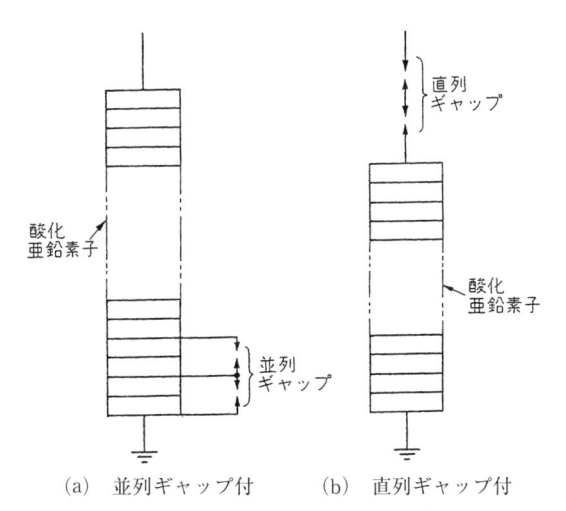

図 2.3.7　ギャップ付酸化亜鉛形避雷器

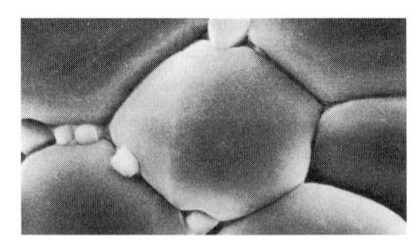

(a) 顕微鏡写真例

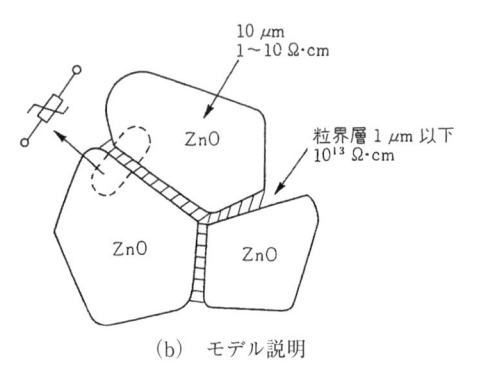

(b) モデル説明

図 2.3.8 酸化亜鉛素子の微細構造

素子の微細構造は図 2.3.8 に示すように、酸化亜鉛素子が BiO_2、CoO よりなる粒界層で囲まれている。この層は定格電圧のような低い電圧では高抵抗であるが、高電圧が印加されると低抵抗となり、ZnO 粒子の抵抗が支配的となり、非直線性を示すと考えられている。

2.3.2 避雷器の責務

避雷器の基本責務を下記に示す。

(1) 定格電圧

系統の避雷器が動作するとき、避雷器にどのような交流電圧が印加されているかを十分に承知していなければならない。一般に雷には多重雷が発生することがある。すなわち、A 相に落雷があった後、まだ A 相が地絡状態であるときに健全相 B 相に次の雷が落ちることがある。この時の B 相の交流

電圧は系統の接地状況によって大きく変化する。中性点非接地の非有効接地系統では、一線地絡時、健全 B 相の対地電圧は常規運転電圧の $\sqrt{3}$ 倍に跳ね上がる。この状態でも B 相の避雷器は雷に対してその責務を全うしなければならない。他方、有効接地系統では一線地絡時、健全 B 相の電圧上昇は常規運転電圧のおよそ 1.3 倍以下に抑えられている。このような状態でももちろん、B 相の避雷器はその責務を果たさなければならない。換言すれば、避雷器の定格電圧とは、「その電圧下で責務を完遂できるような電圧」と定義されている。他の機器とは定格電圧の定義が大きく異なることに留意する必要がある。日本では、系統の公称電圧ごとに避雷器の定格電圧が表 2.3.1 のように選定されている。倍率および低減率を下記のように定義して参考に併記した。

避雷器定格電圧の倍率＝避雷器定格電圧／（系統公称電圧／1.1）
避雷器定格電圧の低減率＝上記倍率／1.4

表 2.3.1　避雷器定格電圧の低減率

公称電圧（kV）	避雷器の定格電圧（kV）	上式による倍率	低減率（％）
154（非接地系統）	196	1.4E	100
275（有効接地系統）	280	1.12E	80
550（有効接地系統）	420	0.84E	60

このように超高圧、超々高圧になるほど、系統の接地条件を的確に選び、投入抵抗の採用と合わせて過電圧の発生を的確に押さえ、低い定格電圧の避雷器の選択を可能とし、結果として、低い制限電圧を巧みに利用していることになる。

避雷器の雷処理能力を表すものとして、公称放電電流 10, 5, 2.5kA が設定されている。

(2) 連続使用電圧

従来の避雷器はギャップを有しているので、基本的に避雷器の内部には常

規運転電圧で熱せられるものは原則皆無であった。しかし、ギャップなし避雷器では、常時特性要素に運転電圧が印加されているので、必然的に連続使用電圧を規定する必要が出てくる。

(3) 動作開始電圧（放電開始電圧）、制限電圧

これらは避雷器の保護性能を表す重要な値で、絶縁協調を図り、機器の試験電圧を検討するときの要となるものである。

ギャップ付き避雷器では放電開始電圧、ギャップなし避雷器では動作開始電圧として規定されている。後者は開閉サージ放電耐量ごとに規定された抵抗分漏れ電流値（1～3mA）で測定したものと規定している。

他方、急峻雷インパルス電流（1/25μs）、雷インパルス電流（8/20μs）、開閉インパルス電流（30/80μs）各々に対して、雷公称放電電流10，5，2.5kAと、避雷器ごとに制限電圧が規定されている。

(4) 放電耐量

ギャップの有無にかかわらず、雷および開閉サージに対する動作責務試験あるいはこれに相当する試験が行なわれてきたが、この試験で課せられる責務以外に、まれに避雷器が遭遇するかもしれない、公称放電電流を上回る雷電流や開閉サージ電流に対する耐量検証が必要である。

近時のギャップなし避雷器では、雷サージあるいは開閉サージによる動作後の過渡交流過電圧、連続使用電圧下でも安定して機能することを検証するため安定性評価試験に統一された試験となっている。

以下では、ギャップなし酸化亜鉛形避雷器に対する本質的試験を述べるが、あくまで考え方をまとめたもので、個々の詳細な電圧電流値などは割愛した。詳細は必要に応じて、「JEC 2371（2003）碍子形避雷器」などの規格を参照されたい。

2.3.3 ギャップなし酸化亜鉛形避雷器の試験

(1) 雷サージ動作責務試験

避雷器を系統にて使用中に雷サージを受けた時、放電電流を流し、その後続流を遮断し、回復することを検証する避雷器にとって最も基本的な試験である。試験回路を図2.3.9(a)に示す。試験回路の左側より定格電圧を印加し、右側より 8/20 μs 波形の避雷器の公称放電電流を供給する。印加回数は交流電圧と同極性、逆極性雷インパルスを各5回1分程度の間隔で印加する。その後、連続使用電圧を30分間印加する。これらのシーケンスを同図(b)に示

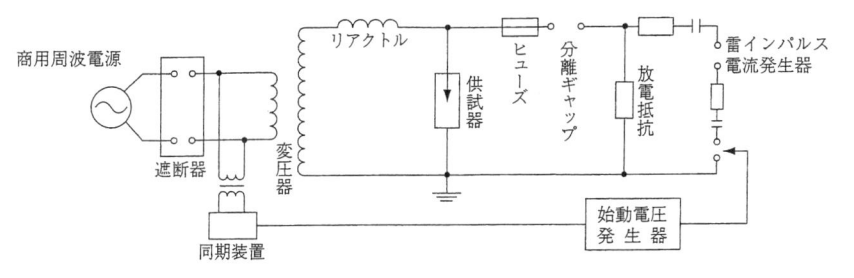

(a) 雷サージ動作責務試験回路

(b) 雷サージ印加パターン

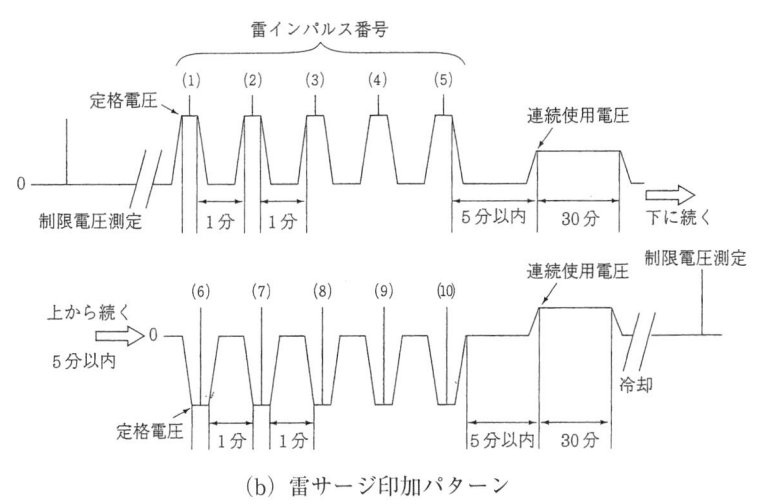

図2.3.9 雷サージ動作責務試験

す。

合否判定は試験前後における公称放電電流に対する制限電圧値の変化で行なう。10%以内であると合格である。

(2) 開閉サージ動作責務試験（開閉サージ放電耐量試験あるいは方形波インパルス電流放電耐量試験）

公称放電電流10kA避雷器を対象に、図2.3.10(a)のような試験回路で、開閉サージ発生倍数約3倍が発生するような模擬線路を用いる。当該避雷器が開閉サージで動作するときに吸収するであろうエネルギーを同図(b)のようなシーケンスで18回給与し、開閉サージ放電耐量試験として実施して、開閉サージに対する動作責務を検証している。

公称放電電流5kAおよび2.5kA避雷器に対しては、方形波インパルス電流放電耐量試験として同様な試験が実施されている。

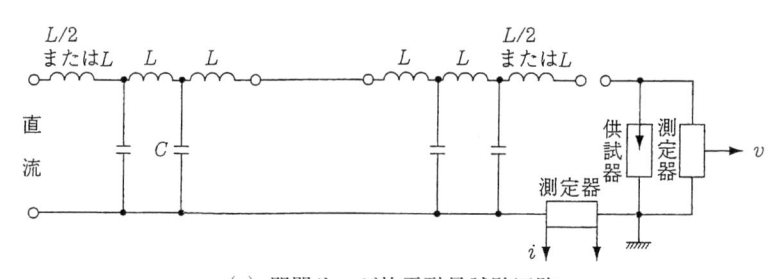

(a) 開閉サージ放電耐量試験回路

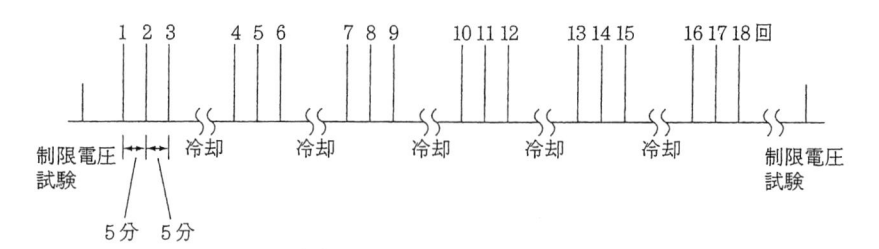

(b) 開閉サージ印加パターン

図2.3.10　開閉サージ放電耐量試験

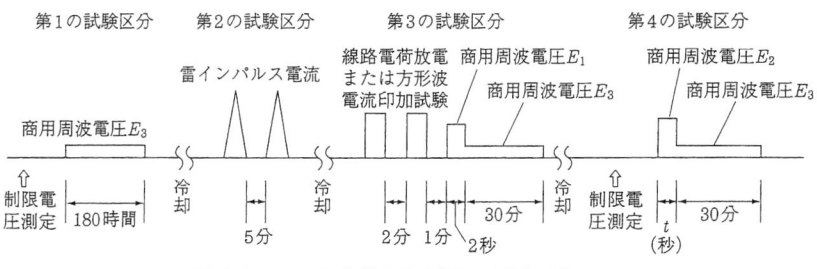

図 2.3.11 安定性評価試験の試験パターン

(3) 安定性評価試験

ギャップなし避雷器では、特性要素に常時交流電圧がかかっているので、雷や開閉サージに対するエネルギー責務に加えて、その後の交流電圧下でも何ら支障なく機能することの検証が重要である。そこで、図 2.3.11 のようなシーケンスで行なわれる安定性評価試験がきわめて重要視される。なお、この試験シーケンスでは、既述の公称放電電流を上回るようなまれな大雷撃電流に対する責務を第 2 区分で、また線路放電電荷あるいは方形波電流試験相当の開閉サージに対する責務を想定した第 3 区分でエネルギー供給し、最後の第 4 区分で過渡交流過電圧相当の交流電圧及び連続使用電圧を 30 分印加する。この試験前後で、公称放電電流に対する制限電圧の変化が 10% 以下であることが求められる。

参考文献

(23) M. Matsuoka, T. Masuyama, and T. Iida: "Nonlinear Electrical Properties of Zinc Oxide Ceramics", Proc. of 1st Conf. Solid State Devices. Tokyo (1969)
(24) 林、小林：「酸化亜鉛形避雷器の開発」、電学論 B, 128 巻 3 号, 516, (2008)

③ 電気の利用

電動力応用から話を始める。産業革命の原動力となったのは石炭の蒸気機関である。19世紀半ばに起こった第2次産業革命ではより利便性の高い電気と石油に動力源を求めるようになった。後者（石油）は内燃機関であり、前者（電気）は電動エンジン（Electro-motive Engine）としての電動機である。電動機の開発は1820年代に始まり、最初のものとしてファラデーの電磁回転装置があるが、機械というよりは思考玩具的なものであった。以後多くの先駆者たちの努力があり、19世紀末にはテスラ（Nikola Tesla, 1856～1943、オーストリア生でアメリカに帰化）、ドブロブロスキー（Michail von Dolivo-Dobrowolsky, 1862～1919、露、後に独）の回転磁界による誘導電動機の開発があった。こうして、電動機は動力応用の中で確かな位置付けを持った。

電気の事業用応用は照明用電灯から始まり、アーク灯から白熱電球、蛍光灯、LED電球へと開発が進んだ。電気の利便性の良さは民生分野に家電として広く浸透した。これらの発展の経緯について触れておく。

3.1 初期の電動機（構想模索時代）

現用機では電動機と発電機は同構造だが、初期の時代では両者は生まれも育ちも全く違っていた。開発の目的も発想も、そして開発の経緯も異なっていた。発電機については第1章の電気の発生でその生い立ちを述べた。電動機は大袈裟で取り扱いが面倒な蒸気機関に代わる新しい動力源として、電磁機関（Electro-magnetic Engine）を目標に開発がすすめられ、1820年ごろより多くの人々による試作が始まった。図3.1.1(a)(b)(c)に最初期のものの例を挙げるが、電動機というよりは電磁力応用の回転玩具ともいうべき代物である。図(a)はファラデー（Michael Faraday, 1791～1867、英）が1821年に作った電磁回転装置で、図の右側の水銀入り容器の中央に棒磁石を直立させ

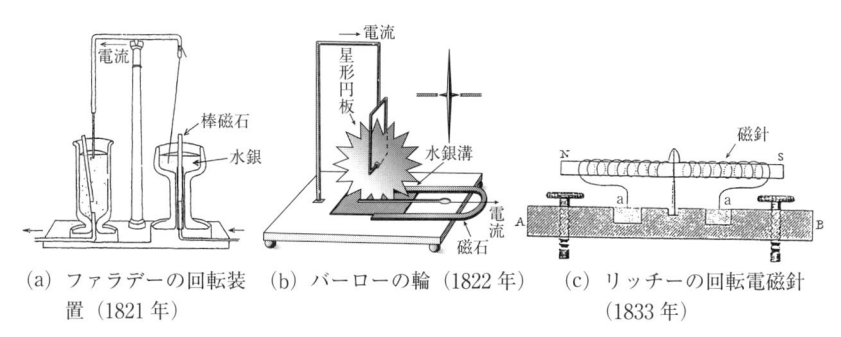

(a) ファラデーの回転装置（1821年）　(b) バーローの輪（1822年）　(c) リッチーの回転電磁針（1833年）

図3.1.1　電動機思考玩具

て置く。その周囲には、一端を容器内水銀中に、他端上部を腕木から吊り下げた導体を配置する。図のように通電すれば、導体は棒磁石の金属棒の周囲を回転する。左側では棒磁石は浮上しないように下端は糸で固定されている。通電で棒磁石は回転する原始的なものだが、始めて電磁力で回転させたところに意義がある。なお、この装置の実験で、ファラデーは王立協会の助手の地位から一人前の研究者として認められたとのことである。

図(b)はバーローの輪と呼ばれるもので、1822年、バーロー（Peter Barlow, 1776～1862、英）が発明したもので、星形をした鋸歯付き金属円板の下部は水銀の入った溝に浸されている。その両端を馬蹄型磁石で挟んだ構造のもので、図のように星形から水銀に電流を流せば、眼にもとまらぬ速さで星形円板は回転する。単極機構造で、実用機への発展はないが、初めて円板を回転させたところに意義がある。なお、原理的には円板を星形の鋸歯にする必要はないが、円板の回転を見やすくするために付けたのかもしれない。

図(c)はリッチー（W. Ritchie）の回転電磁針である（1833年）。磁針（鉄心）上に巻かれたコイルの両端は、下部にある板上にリング状に掘り込んで水銀を満たした溝aに入っている。溝は二分され、各々は電池の両端に接続されている。電流を通じると電磁石となり、磁針は地磁気の影響を受けて南北に向かって回転する。南北を指したところでコイルの両端は各々別の溝に移る。すると、電流は反対方向に流れるので、磁針は改めて南北を求めて回転する。こうして磁針は連続的に回転することになる。地磁気の代わりに磁石を使えば一段と高速で回転する。機械としては玩具の段階に過ぎないが、

直流機として具備すべき3要素、界磁（地磁気）、電機子（磁針）、整流子（水銀溝）を備えており、直流電動機の発祥としての意義がある。

次の段階は動力への応用という目的意識を持って作られた電動エンジンの開発である。無からの出発で、発想には各種各様のものがあった。まさに百花繚乱である。当時の動力機械の代表に水車と往復蒸気機関がある。これに発想の原点を求めることは不思議ではない。またこれにとらわれず、電磁現象そのものから出発したものもある。

水車に発想を求めたものもある。水車は図3.1.2に示すように多数のバケットを設け、これに水を注ぎ水の重力で回転する。水の重力の代わりに電磁石の磁力で回転することが考えられる。図3.1.3にこの発想のものの原理図を示す。円板周辺に軟鉄片A, B, Cが取り付けられている。図(a)では、鉄片AがBよりM_1に若干近いので、M_1を励磁すればBよりAに対する磁力が大きくなり、矢印の方向に回転する。AがM_1に近づいたところでM_1の励磁を止めても、慣性でAはM_1の位置を過ぎ図(b)の位置まで回る。BはCよりM_2に近いので、M_2を励磁すればさらに同方向に回転する。この繰り返しで円板は連続して回転することになる。なお、回転に同期してM_1、M_2の励磁を断続することが必要で、整流子相当のものが必要になる。図3.1.4は1844年フロメント（Paul-Gustav Froment, 1815〜1865, 仏）により作られた電動機で、前述の原理を応用し、円周上に取り付けた軟鉄片を次々に吸引し回転する。電磁石は回転に同期して断続する必要があり、装置前面に取り付けたカム式整流装置で行なっている。

図3.1.5に1842年デヴィドソン（Robert Davidson, 1804〜1894, 英）が作った電磁機関車（Electro-magnetic Locomotion）を示す。回転原理は上述のフロメントによる電動機と似たような原理である。車体の長さは16フィート、幅6フィートで、1842年

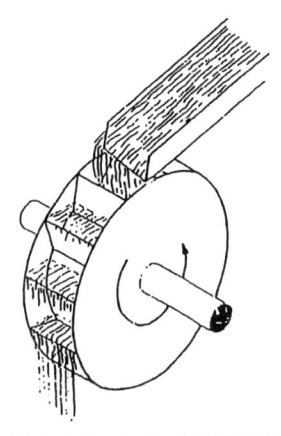

図3.1.2　水車の回転原理図

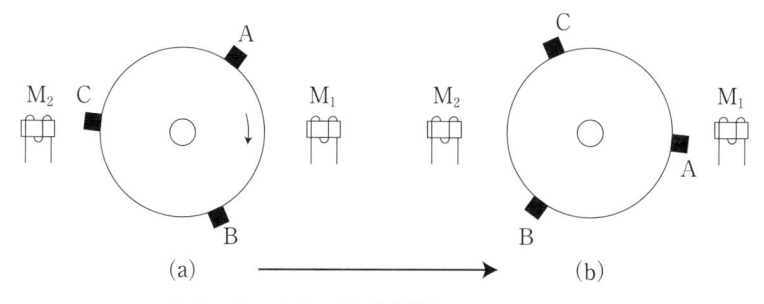

図 3.1.3 水車に基づく構想の電動機原理図

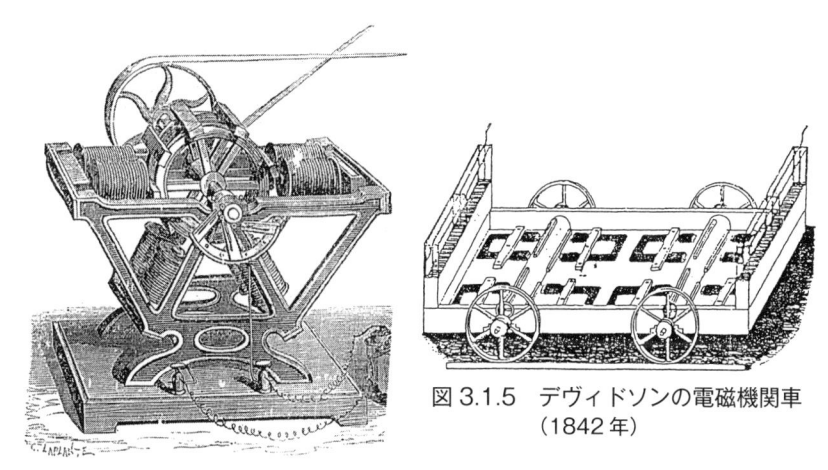

図 3.1.4 フロメントの電動機（1844 年）

図 3.1.5 デヴィドソンの電磁機関車（1842 年）

エディンバラ（Edinburg）～グラスゴー（Glasgow）間の軌道上で試運転を行い，速度4マイル/時で走行した。

また，往復運動蒸気機関に構想を求めたものに次のものがある。図 3.1.6 は 1844 年ページ（Charles Grafton Page, 1812～1868, 米）が作ったもので，左右に蒸気機関の気筒に相当する2連のソレノイド電磁石があり，その両方にまたがりその中に挿入されたピストン相当の軟鉄棒がある。左右磁石の交互励磁に伴い，鉄棒も左または右に吸い込まれ左右に運動する。この左右運動をクランクシャフトを介してはずみ車（フライホイル）に伝え，はずみ車を回転させるものである。改良を重ね8～20馬力のものを作り，機関車に乗

図 3.1.6　ページの電動機
　　　　　左右往復運動で（1844 年）

図 3.1.7　フロメントの電動機
　　　　　片持ち挺の上下運動
　　　　　で（1844 年頃）

せ最高 19 マイル / 時で 30 分間走行した。図 3.1.7 はフロメントが 1844 年頃に作ったもので、片持ち挺を周期的に吸着し上下運動させ、この上下運動をクランクシャフトを介してはずみ車に伝え、はずみ車を回転させるものである。

このほか、時計の振子や遊園地にあるシーソー（Seesaw）を発想の原点としたものなどがあり、探索すると興味は尽きない。

ジュール（James Prescott Joule, 1818〜1889、英）は 1840 年、抵抗 R に流れる電流 I による発熱（損失）は I^2R に比例することを示したが、この発見のもとになったジュールのモーター（電動機）、電動エンジンを図 3.1.8 に示す。コイル間の電磁力を使用したもので、彼はこの研究の中で強力な電磁石を作ることに注力した。図において、回転子コイル m と固定子コイル n に、コイルの抵抗に抗して 2 倍の電流を流せば、両者の積の電磁力（出力）は 4 倍となる。その時に、電池は 1 個当たりの亜鉛の化学的消費量は 2 倍、また電池は 2 個直列につなぐので、合計すれば 4 倍の亜鉛の消費量（化学的エネルギー）になる。このことは I^2R の「ジュールの法則（Joule's Law）」の発見につながる。

前述の電動機はいずれも電源を電池としていたため、時期尚早で実用段階に達するものはなかった。実用段階に発展させるには安価でしかも強力な電

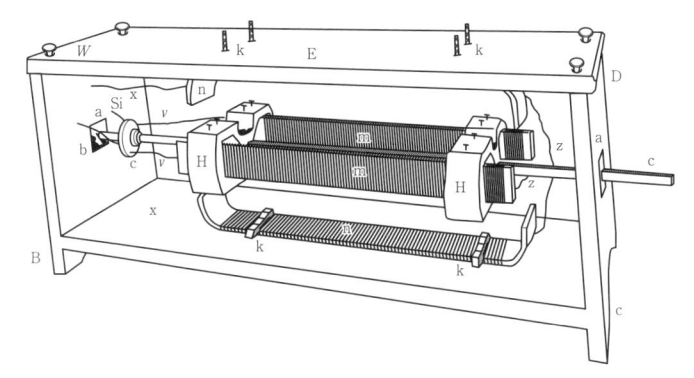

図 3.1.8　ジュールの電動エンジン（1840 年頃）

(a) 4500HP　50〜120rpm　16 極　750V
　　製鉄分塊圧延機用（1925 年）

(b) 2 × 8000kW　40〜90rpm　120V
　　製鉄粗圧延機駆動用（1979 年）

図 3.1.9　近時の直流機

源が必要である。これに応える最初のものはグラム（Gramme）機で、前述したように同機は発電機としても同構造で使用できる。

　このグラム機も環状巻線（Ring 巻線）なので、優れた特性を秘めた鼓状巻線（Drum 巻線）の開発で逐次姿を消すことになる。鼓状巻線も初めは電機子鉄心表面への固着に苦労したが、溝構造電機子鉄心が開発されて、今日では直流機に限らず、回転機巻線の標準構造になっている。その後大容量化が進み、近時の本邦の製作例で示すと、図 3.1.9(a)、(b) に示すように、数千kW 機が製作されている。この直流機も後述するように、パワーエレクトロニクス（Power Electronics）の進歩で動力用のものは姿を消す運命となり、諸行無常の感がある。

3.2 誘導電動機

　誘導電動機はアラゴ（Francois Jean Dominique Arago, 1786～1853、仏）の回転円板から話が始まる。1824年アラゴは磁針の下で銅円板を回転させたところ、磁針はこれに追随して回転することを発見した（図3.2.1参照）。その理由がわからず奇妙なこととされた。翌1825年のこと、仏の物理学者であり化学者でもあるゲイ・リュサック（Joseph Louis Gay-Lussac, 1778～1850、仏）は米国でこの奇妙な実験を紹介した。英国王立協会のバベッジ（Charles Babbage, 1791～1871、英）とハーシェル（John Fredrick William Herschel, 1792～1871、英）は追実験を行い、さらに撚りの無い絹糸で吊るし、自由に回転できる銅円板の下で、馬蹄型磁石を回転させたところ、銅円板が回転することを確かめた。

　これらの奇妙な現象に対して、ファラデーは1833年電磁誘導の論文を発表し、その中の"§4 On Arago's Magnetic Phenomina"で、円板を回転させればその面上に誘導電流が流れ、回転磁界が発生し、それと磁針の相互作用で磁針が回転することを解明した。ベイリ（W.Baily、英）は1879年バベッジ等の回転する馬蹄型磁石の代わりに、図3.2.2に示すように馬蹄型電磁石2個を90度の位置で交互に直立しておき、それらの位置がN、S、N、Sの

図3.2.1　アラゴの円板（1824年）

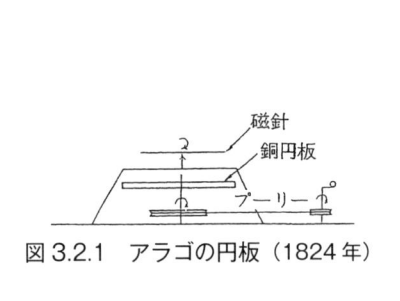

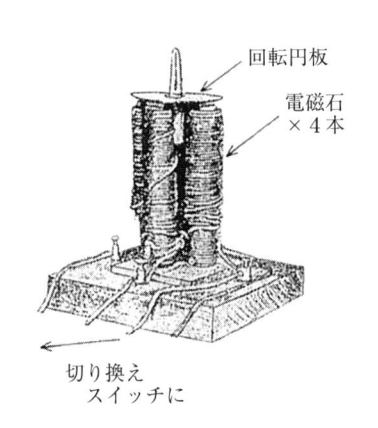

図3.2.2　ベイリの回転円板（1879年）

順になるように励磁した。当然のこととして4つの極上に置かれた円板は回転することになる。

1885年、フェラリス（Galileo Ferraris, 1847～1897、伊）はベイリの実験にヒントを得て、図3.2.3に示すように2つのコイルを直交するように置き、90度位相差のある交流電流を流し、コイル内に回転磁界を発生させ、直径8.9mm、長さ18cmの銅円筒を回転させた。また、出力は円筒の回転数が回転磁界のそれの50%のとき最大となり、入力の50%が熱になることを確かめた。これが誤って伝わり、この種の電動機は50%しか出力が得られず、50%が熱となり、回転子は加熱高温となり、実用に耐えないとされた。なお、彼は90度の位相差のある2つの電流を得るのに、当時の電源は単相なので、抵抗性の高いコイルと誘導性の高いコイルで位相差を作った。この装置は1893年のシカゴ万博で展示された。いずれにしても当時は単相交流しかなく、誘導電動機の開発は厳しい状況で、彼の関心は回転磁界を利用した電気測定器の開発へと向かった。

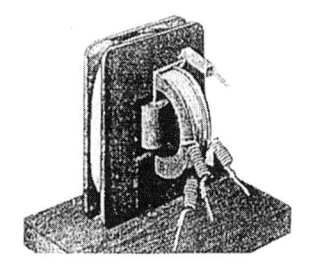

図3.2.3 フェラリスの電動機（1885年）

3.2.1 米国における事情

フェラリスとは別に、テスラは独自に誘導電動機を開発した。テスラは直流電動機の整流子の激しい火花を見て、整流子のない電動機ができないものかと考えた。直流発電機の電機子は交流を発生し、これを整流子で直流にする。直流電動機はこの直流を整流子で再び交流にして回転しているので、発電機も電動機も整流子を用いず交流のままで電動機を回転できるのではないかと考えた。

ここから、二相、三相、六相などによる回転磁界の発想を得た。テスラは1884年米国に移りエジソン（Thomas Alva Edison, 1847～1931、米）の会社に入るが、エジソンは彼の交流機に関心を示さなかったので、テスラは自らの研究所を作った。1887年、AIEE（現IEEE）で、テスラは多相交流の論文、"A New System of Alternating Current Motors and Transformer"を発表

した。交流電動機を含む多相交流システムの紹介である。単相交流電動機では直流電動機に優位性を見いだせず、交流系統の普及に困難を感じていたウェスティングハウス（George Westinghouse, Jr, 1846～1914、米）はテスラの多相交流の将来性を見抜き、テスラとライセンス契約を結び、顧問として彼の会社、WH 社にテスラを迎え入れ、多相交流器の実用化研究を始めた。

こうして、WH 社の誘導電動機実用化に向けた仕事が始まることになる。

1888 年、テスラは WH 社のピッツバーグ（Pittsburg）の工場に招かれ、若手のスコット（C.F.Scott, 1864～1944、米、後に二相、三相変換回路を発明、IEEE 会長にもなる）が助手となり、誘導電動機の実用化開発に着手した。当時の電力系統は単相で、周波数は 133Hz と高い。この高い周波数は変圧器には軽量化、効率向上の面で有利であるが、誘導電動機では効率が低く、低速回転機の設計が難しく、不利な出発となった。テスラは個性が強いため仕事仲間との折り合いが悪く、1 年後彼はニューヨークに戻ってしまった。その後をスコットやラム（Benjamin Garver Lamme, 1864～1924、米）が引き継ぎ開発を進めることになるが、悪い技術環境のもと実用化の目処が立たず、加えて WH 社の財務事情が芳しくないこともあって、2 年くらいの間、細々とした研究状態となった。1890 年、WH 社は電力用周波数に 60Hz を採用することになり、問題点の一つは解決したが、多相交流化への問題は残った。1893 年、シカゴで万博（World's Columbian Exposition）が開催され、照明用として 750kW、1000HP12 セットの発電設備が設置されることになった。この万博はコロンブスによる新大陸発見 400 周年を記念して開かれた万博で、1890 年春、ニューヨークなどとの激しい誘致競争の末に開催が決まった。シカゴ・コロンブス万国博覧会とも呼ばれる。19 世紀にアメリカが開催した博覧会中で最も規模が大きく、入場者数は当時のアメリカ国民の人口の約半数に上った。この万博では，動力としての電気の応用事例が多く示された。ウェスティングハウスはこれを好機としてとらえ、念願であった二相交流を推し進めることにした。WH 社は 1000HP の発電設備の下流に 300HP の誘導電動機駆動の電動発電設備（M-G セット）を設置し、二相万能システムを展開したことは発電機のところでも述べたが（1.4　二相器、三相器への発展）、この発電機は当時としては類を見ない大容量機で野心的なものなのでその内

容を紹介する。

まず定格は、

2相-60Hz-300HP-220V-12極-600rpm （二次巻線形）

一次、二次巻線の配置は現用機とは逆で、一次は回転電機子、二次が固定子となっている。WH社の初期の単相交流発電機も回転電機子形で、おそらく直流機の構造を踏襲したものと思われる。励磁電流を減じるため、一次、二次の両巻線ともに半開放形の溝に納められ、一次巻線の導体は撚り線ケーブルで重ね巻きとし、二次巻線は1溝あたり導体1本で90度の位相差を有する二相の2回路を形成している。このようにすることにより、二次電流は大電流になるが、二次巻線は固定子側にあり、スリップリングを介することなく電流を引き出せることを利点として挙げている。起動は長尺の炭素棒からなる抵抗器を二次回路に入れる。定格速度に近づけば、二次巻線は短絡される。当時はまだ二次抵抗挿入起動は一般的ではなかったとのこと。

このようにして、誘導電動機は60Hzという適切な周波数と、二相（のちに三相）という多相電源を得、実用性を実証することができ、WH社の誘導電動機は商業ベースに入ることになる。

ところで、1893年のシカゴ万博における交流関係ではWH社に先を越されたGE社は、翌1894年のカリフォルニア冬季国際博覧会（California Midwinter International Exposition of 1894）では三相交流システムを展開した。三相、35kW-300Vの交流発電機から、変圧器を介して下流の三相、10HPの誘導電動機に給電、ベルト掛けでドリル発電機を駆動する実演展示を行った。GE社の誘導電動機は当初から現用機と同様、一次固定子、二次回転子であり、三相機であった。

次に、一次、二次の巻線配置が現用機とは逆であったWH社の誘導電動機の巻線配置が、GE社と同様の現用機の構造になった経緯を説明しておく。WH社でも一次固定子、二次回転子の試作研究を行っていたが、たまたま回転子の二次巻線の端子が焼け、溶着状態になった。図らずもかご形誘導電動機となった。この状態で特性試験を行ったところ、なかなか良好な試験成績を得た。この結果をもとに、WH社は数10HP以下の小型機でかご形（Cage Type）機を実用化した。かご形機は当然のことながら一次固定子である。

二次巻線形のものも一次巻線形で作られるようになり、現用機と同構造になった。

二相器と三相器の特性差については、三相器の方が若干二相器より上回るが大差なく、1890年代初期では、電力需要としては動力より照明の方が多かったので、これに有利な二相電源が広く使われていた。独立した単相2回路からなる二相は回路が簡単で他相からの影響が少なく、電圧調整も別個に行える利点があったためである。このため、電動機も二相で作られるものが多かった。1890年後半になると動力応用が多くなり、誘導電動機が普及し始め事情が代わり、誘導電動機に有利な三相が逐次拡大した。WH社も二相機から三相機へと移ることになった。こうして、誘導電動機は現用器と同構造になった。以上が米国での誘導電動機開発の経緯である。

3.2.2 欧州における事情

次に、欧州での事情を述べる。AEG社のドブロウスキー（Michael von Dolivo-Dobrowolsky, 1862〜1919, 露、後に独）はフェラリスとテスラの二相誘導電動機を研究し、図3.2.4に示すように、二相よりも三相の方がトルク、リップルが少ないことに着目し、三相誘導電動機を試作した。その1号機が1889年試作のもので、図3.2.5に示すものである。かご形構造で回転子は図3.2.5(a)に示すようなもので、回転子の径と長さはともに7.5cmで、出力は$\frac{1}{8}$HP程度である。さらに5HPのものもかご形で作ったが、起動時の電流が大きいので二次巻線形に改造し、抵抗挿入で起動電流を抑えた。1891年フランクフルト万博では二次巻線形回転子で100HPのものを展示し、ラウ

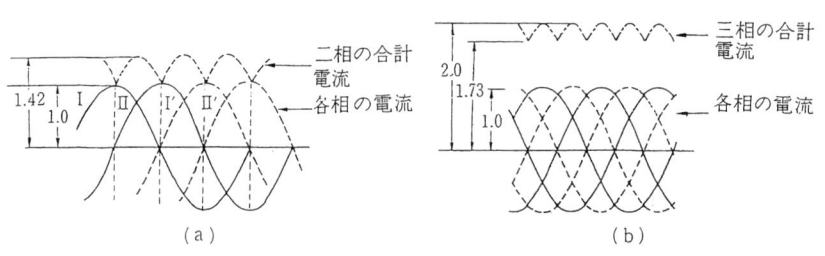

図 3.2.4　二相と三相の合計電流（トルクに対応）の比較
（ETZ, 1891 Heft12 März, p160 より）

③ 電気の利用　117

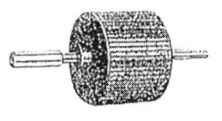

(a) かご形回転子

(b) ドブロウスキー使用の誘導電動機
1889年試作，1891年フランクフルト万博で展示（ドイツ科学館にて撮影）
回転子の軸方向両端を短絡し，両端間に導線を張り巡らしてかご状にした．

図 3.2.5　ドリヴォ・ドブロウスキーの誘導電動機。
1/8 馬力，75mm φ × 75mml（1889年）

表 3.2.1　AEG社の初期のかご形誘導電動機製作例
(Electrical World, Apl.22 1893年より)

	1/8	1/2	1	5	50
Output in h. p.	1/8	1/2	1	5	50
Consumption in watts	230	518	985	4,380	40,200
Ampères per phase, loaded	1.4	4.0	8.0	36	280
Volts per phase	60	60	60	60	60
Frequency	50	50	50	50	50
Speed, unloaded	2,380	1,490	1,490	1,490	745
Speed, loaded	2,300	1,400	1,370	1,395	725
Total efficiency in per cent	...	71	7.	84	91
Number of poles	2	4	4	4	8
Weight in pounds	396	1,386	2,068	5,390	26,100
Ampères, per phase, unloaded	...	...	4.5	15	150
Ampères, per phase, at starting	...	...	21	50	400
Watts (total) at starting	...	...	1,400	5,650	50,000
Starting torque in kilogr. × metres	...	...	...	2.6	49.3

フェン (Lauffen) 発電所から送られた電力で会場の人工滝用ポンプを駆動した。また、1893年のシカゴ万博では75HPのものの展示実演を行った。こうして、AEG社は誘導電動機の実用化に成功した。1893年のElectrical Worldには、$\frac{1}{8}$〜50HPまでの品揃えの記事が出ている（表3.2.1参照）。AEG社以外にもエリコン（Oerlikon）社、シーメンス（Siemens）社、その他が製作を始め、米国同様、誘導電動機の普及が始まった。誘導電動機は構造が比較的簡単で経済的であるので、起動トルクの向上、始動電流の減少などの運転上の便利性研究が進み、今日、動力用電動機といえばこの電動機を指すほど、広く普及している。

図3.2.6 厚板ミル駆動用7,500kW50/100rpm誘導電動機（世界最大トルク機）（1985年）

大容量化については、本邦の例で示すと、大正時代に入り1000HP以上のものが製作されるようになり、圧延機用では1917年に4000kW機、1965年には6000HP機、1985年には7500kW機（図3.2.6）が作られた。また、揚水発電所の始動用に1976年に27000kWのものが作られている。

3.3 電動力応用への変遷

19世紀末に電力系統は直流から交流に代わったが、電動機すべてが交流機になったわけではない。交流機の回転速度は回転磁界に支配され、可変速が難しい。また起動トルクも十分ではなかった。直流機は界磁巻線と電機子巻線の組み合わせ次第で多様な性能を引き出せる。特に、直流電動機は制御性のよいことでその存在価値を失うことなく、むしろ必要とされた。図3.3.1に直流機の励磁方式（他励磁、自励磁方式）について、界磁巻線と電機子との組み合わせ関係を示す。性能の差異は大別すると直巻特性と分巻特性によ

(a) 他励磁

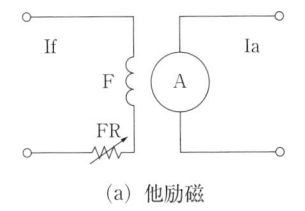

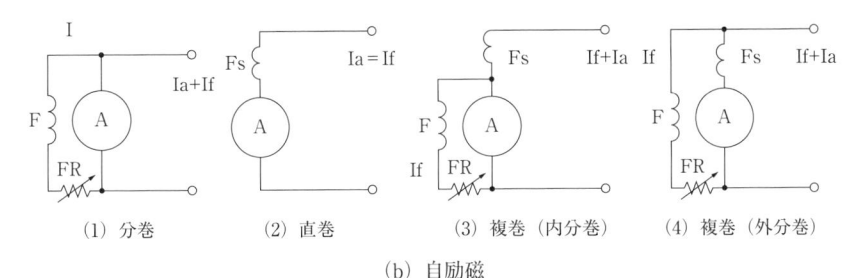

(1) 分巻　(2) 直巻　(3) 複巻（内分巻）　(4) 複巻（外分巻）

(b) 自励磁

A：電機子　F, Fs：界磁巻線　FR：界磁調整器　Ia：電機子電流　If：界磁電流

図 3.3.1　直流機の励磁方式（他励、分巻、直巻、複巻）

るものである。この特性の差異は電気回転機一般に適用される。この意味で、直流機の特性を理解することは重要である。誘導起電力と端子電圧との基本関係を下記に示す。

誘導起電力を E、端子電圧を V、電機子電流を Ia、電機子内部抵抗を Ra とすれば、発電機、電動機各々において次式が成立する。

発電機：$E = V + I_a R_a$ 　　　　　　　　　　　　(3.3.1)

電動機：$E = V - I_a R_a$ 　　　　　　　　　　　　(3.3.2)

電動機の場合、動作を理解しやすいように、$V = E + IR_a$ と書き直せば、E は逆起電力、E と Ia の積は外部への機械出力となる。また、逆起電力 E は界磁の磁束 ϕ と回転速度 n との積 $n\phi$ に比例する。トルク T は Ia と ϕ の積 $I_a \phi$ に比例する。この磁束 ϕ は鉄心の飽和を無視すれば、直巻では Ia に、分巻では界磁電流 If に比例する。以上の関係を用いて、直流機の特性を検討する。

3.3.1 電動機の場合

直巻電動機では電機子電流 Ia と界磁電流 If は等しく、始動時の低速領域では回転速度 n は小である。従って、起電力 E も小で、大きな Ia を流すことができる。トルク T は Ia に比例するので、T は Ia^2 に比例することになり、始動時に一段と大きなトルク T が得られる。一方、負荷がなくなると、Ia = 0 で、φ = 0 となる。V = E (端子電圧 = 起電力) で、この E を発生するためには回転数 n は無限大となる。これは極端な話だが、無負荷では実際は疾走の回転になり、危険状態となる。このような特性を"直巻特性"という。この直巻特性は実用的には電車の電動機のように大きな起動トルクを必要とするものに使用される。なお、無負荷での疾走を防ぐため、電動機と負荷を直結するか、または歯車を介して結合するのが一般的である。

分巻電動機の場合には、抵抗 Ra を無視すれば、電圧 V に対して If は一定、従って、磁束 φ も一定である。回転速度 n は V = nφ の関係より n も一定となる。従って、このことは電圧 V を変化させればそれに対応した定速運転が可能であることを示す。ただし、トルク T は電機子電流 Ia に対応した値しか得られない。このように定速で任意の回転速度が得られるものを"分巻特性"という。この分巻特性は製鉄、製紙などの定速制御を必要とする電動機に使用される。

なお、複巻電動機は複巻巻線を入れることで、直巻電動機での磁束 φ が零になることを防げるので、無負荷時の疾走防止に役立つ。分巻電動機の場合には、IRa の電圧降下分を補うことで、より精密に速度制御が可能となる。

3.3.2 発電機の場合

直巻発電機では電機子電流 Ia により起電力 E が著しく変化するので、一般に直巻は発電機には使用されない。

分巻発電機は前述のように定電圧の特性を持っているので、発電機として一般に使用される。なお、複巻発電機では IRa の電圧降下分を補償できることは電動機の場合と同様である。

参考のため、直巻電動機と分巻電動機の使用例を一つずつ示しておく。

直巻電動機の使用例の代表に電車用電動機がある。図3.3.2に示すように、起動時には2台の電動機を直列に接続して低速運転を行い、速度が上昇してから並列運転にして高速運転をする。なお、抵抗制御を併用することで、起動時に必要な大きなトルクを得、運転時には広範囲の速度制御が可能となる。

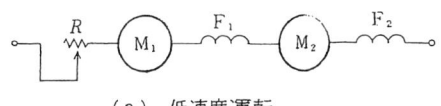

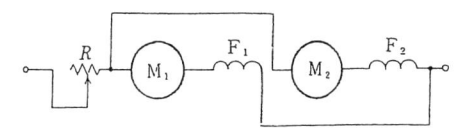

図 3.3.2　電車用直巻電動機の速度制御

分巻電動機の使用例として、製鉄のミル電動機などに使用されるワードレオナード方式（Ward Leonard System）を紹介する。図3.3.3はその結線図である。他励電動機M（主直流電動機）に対して、専用の他励直流発電機Gとこれの駆動用交流電動機IMを置き、Gの界磁調整でMに加わる電圧を調整、Mの逆起電力を変化させることで、速度調整を行う方式である。電動機の界磁調整器FR_2でも速度調整ができるので、広範囲の速度調整を効率よく制御することが可能である。また、切り替えスイッチSによりMに加わる電圧を逆にして反転することもできる。この制御方式は優れた運転特性を有するが高価な設備となる。

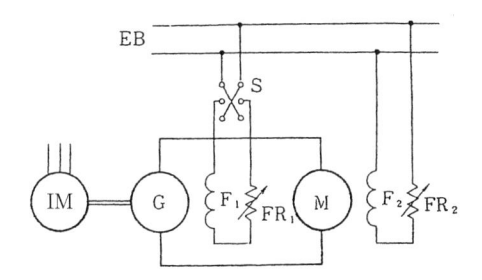

M：主直流電動機　　IM：駆動用交流電動機
G：主直流発電機　　EB：励磁母線

図 3.3.3　ワードレオナード制御法

以上述べたように、直流機は優れた運転特性を持つが、交流機に比べて高価であり、整流子、ブラシなどの保守の面倒もある。近時、大容量のサイリスタ、トランジスタなどの半導体素子の開発が進み、パワーエレクトロニクス技術の進歩が著しい。これと交流機との組み合わせで、直流機に匹敵しうる運転特性が得られるようになった。こうして、直流機はその存在の場を縮める事になる。虎は死して皮を残すが、動力用直流機はその使命を終え、性

能の"直巻特性、分巻特性"などの名を残すことになった。

3.4　電気の事業への応用

　電気の事業への応用は照明用電灯から始まる。照明はアーク灯から白熱電球、LED電球へと開発が進んだ。さらに、電気の利便性の良さから電気機器は、民生分野、家電機器へと広く浸透した。これら電気機器の発展経緯についてまとめる。

　イギリスの産業革命が一段落すると、都市に工場が集まり、同時に工場内の照明が必要になった。1830年代、当初はガス等による照明が主体であったが、やがて、アーク灯による照明に移行した。アーク灯は輝度が高すぎ、眼が疲れるため評判は良くなかった。このような背景から、各国で白熱電球の開発が進み、電灯照明の普及に至った。

　電灯照明が普及するとその電源が必要になる。初めは電池を使用していたが、高価で容量も小さく、やがてダイナモ、エジソンらによる直流発電機の発明、開発に繋がったのは1章に述べたとおりである。

　1880年代になると交流技術の進歩が著しく、交流発電機、変圧器の開発が進み、直流送電ではなく交流送電のほうが有利であるといった議論が出てきた。交直送電論争が展開されたのである。そして、まず白熱電灯照明のために、送配電網が建設された。次に、この送配電網を利用して、電動力の使用が広がった。すると、さらに長距離送電が可能となり、電力輸送という概念が発達した。電力技術の時代の幕開けである。大規模な電気化学工業や電気鉄道が展開していった。

3.4.1　アーク灯からLED電球に至るまで

　最初の照明はガス灯であった。ガス灯の開発は、1802年、イギリスのウィリアム・マードック（William Murdoch, 1754～1839）が工場照明に石炭ガスを燃焼する照明装置を考案したのに始まる。やがて、ガス燃焼機の改良が行われ、10年後にはマードックの弟子のクレッグが世界で最初の都市ガス会社を設立している。アメリカでも、1815年、フィラデルフィアでガス灯会

社が設立されてガス灯が工場照明に使われ始めた。しかし、安全性の面からも明るさの面からも十分なものではなかった。

一方、ちょうどこの1815年頃から、アーク放電を利用したアーク灯の実験が始まった。アーク灯は電極材料によって、炭素アーク灯、水銀アーク灯などがあるが、まず炭素アーク灯が開発された。1815年、イギリスの化学者、デービー（Humphry Davy, 1778～1829）が王立学会で、ボルタ電池2000個を接続してアークを発生したのが最初である。ガス灯とは違って、可燃性の気体が存在しても火災の心配がないので、炭坑夫が安全に働けるようになる。しかし、電源が電池であることから電圧、電流も十分ではなく、電極材料の炭素も十分な純度と硬度を持ったものが得難く、加えて、アーク間隙を自動調整することができず、実用化までには至らなかった。

1845年、チャーチが炭素の精錬に成功した。そして翌年には、ステイトとグリーナが炭素を純化することに成功した。さらに、ステイトはペトリとともに、アークから放射される熱と炭素の消耗した長さの関係から、自動的に歯車で炭素棒を押し上げる装置を考案するなど、アーク灯の実用化に大きく貢献した。しかし、難問は電源であった。このころは電源に高価なダニエル電池を使っていたので、工場照明用には価格、寿命とても耐えられるものではなかった。実際に街灯として使われだしたのは1870年代以降であり、新しい電源の出現、すなわち発電機が開発され実用化されるまではそれほど普及しなかった。

アーク灯は陰極の炭素電極が使用中に減っていく。これを避けるため、ロシア人でパリの工場で働いていたヤブロチコフ（Paul Jablochkoff, 1847～1894）は、1876年、電極であるキャンドルの炭素棒を2本平行に並べて間にカオリン（粘土層）を挟んだ、図3.4.1のような"電気キャンドル"を考案した（図1.3.1にも記載）。炭素棒が均等に消耗するように、直流ではなく交流で点灯するようにしたのである。1灯で約2時間照明でき、4～6個を接続して1灯が消えると順に次の灯が点灯する仕組みになっている。1877年のパリのオペラ座地区で初めてこの電気キャンドルが使用された。このヤブロチコフの方法はイギリスやフランスでもかなり使われ、1881年までに4000を超える使用例を数えるといわれている。ほかにも多くの人がアーク灯の改良

にあたったが、電源上の制約がほぼ共通の問題点として残った。1アーク灯の点灯には7〜20A要したものをフランスのモローとカレーが8〜9Aで済むように改良した。

1879年には、米国のブラッシュ（Charles Francis Brush, 1849〜1929）がサンフランシスコで、従来の狭い地区ごとに発電装置を設置する方式とは違って、1か所の発電所から広い地域の多数の需要家に配電するシステム、中央発電所方式のアーク灯による電灯照明事業を始めている。

工場用の照明にアーク灯を使用し始めた当時、アーク灯を使用している工場では、ガス灯を使用している工場より、労働者から目が疲れるという不満が多いことにイギリスの電気技術者、クロンプトン（R.E.B. Crompton, 1845〜1940）

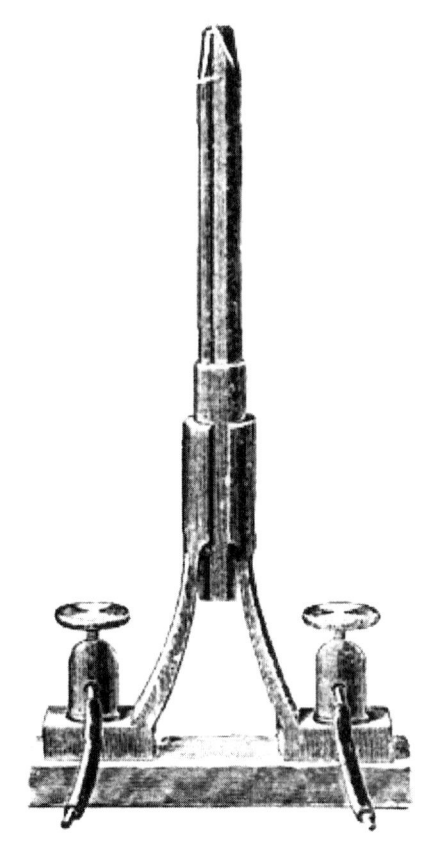

図 3.4.1 ヤブロチコフの電気キャンドル

らが気付いた。アーク灯の光は非常に強いので眩しすぎたようである。もっとやわらかい光の電灯が望まれていた。

アーク灯の光は輝度が非常に強いので、家庭の屋内照明などにも不向きで、もっと照度の低い電灯の開発が望まれた。場所によって使い分ける「電灯の分割（subdivision of electric light）」が課題になってきた。

輝度の低い電灯として、白熱電球が適していたのであるが、その実用化には課題があった。すでに、1845年からイギリスの化学者スワン（Sir Joseph Wilson Swan, 1828〜1914）やエジソンらによる白熱電球の開発がなされてい

たが、その実用化には高温でも切れにくいフィラメント材料、ガラス球内を排気する真空ポンプの2つの大きな開発課題があった。エジソンはフィラメント材料に白金を用い、白金線白熱電球を作った。白金線は光の割合には電力消費が大きく、しかも溶融するという欠点があった。加えて、白金の価格が高くフィラメント材料としては不向きであった。そこで、エジソンは、フィラメント材料として、さらに、木綿糸や、竹、紙を炭化して作った炭素フィラメント材料を開発し、排気には水銀シュプレンゲル真空ポンプを採用して実用電球を開発した。

エジソンはフィラメント材の研究を続け、炭化材料の開発のため実験した植物は6000種類に及ぶといわれている。1879年10月21日、木綿系フィラメントを使って寿命が40時間以上あるものを作るのに成功した。同年、大晦日に白熱電灯を一般に公開する公開実験を行った。特別列車を仕立てて全米から数百万人をニュージャージー州メロンパークに集めたといわれている。特に目を付けたのは竹の繊維で、中でも1880年に、弟子のムーア（William H. Moore）を日本、中国に派遣し、入手した竹、特に日本の京都の八幡市の竹が最も長時間点灯することがわかったとしている。このような竹の繊維を炭化して竹フィラメント電球を作り、1882年のパリ電気博覧会で展示し、脚光を浴びている。京都八幡市にはエジソン記念碑があり、これを後世に伝えている（図3.4.2）。

図3.4.2　エジソン記念碑（京都府石清水八幡市）
http://www.iwashimizu.or.jp/about/14.html

エジソンより前に、イギリスの化学者、スワンも同様の炭素フィラメント電球の製作に成功している。エジソンはスワンの電球実験の報道を知り、白熱電球の研究に取りかかったといわれている。スワンは、ガラス管内を真空にする技術の開発で、イギリスのクルックス（William Crookes, 1832～1919）がシュプリンゲルの水銀真空ポンプを使って真空技術の研究をしていることを知り、この技術を用いて炭素フィラメント電球の製作に成功している。スワンは 1878 年 12 月、白熱電球の構造と製造方法を学会発表し、翌 1879 年 1 月には試作品の公開実験を行った。また、その結果は 1979 年、アメリカの雑誌に掲載された。点灯寿命を 40 時間までに延ばした。しかし、1878 年に出願したエジソンの白熱電球の特許が許可されたため、エジソンが白熱電球の発明者となった。エジソンとスワンは炭素フィラメント電球の発明先取権で争ったが、後に事業連携した。

フィラメントの研究は、1900 年以降世界各地で進められた。1906 年にはタングステンを押し出し成型によってフィラメントにする方法が、オーストリアのユスト（Alexander Just, 1874～1937）とハナマン（Franz Hannaman, 1878～1941）により考案された。さらに、1908 年にはアメリカのクーリッジ（William David Coolidge, 1873～1975）が 1400℃以上に熱したタングステンをダイアモンドの細い穴に通し、任意の太さのフィラメントを作る方法を開発した。1913 年にはラングミュア（Irving Langmuir, 1881～1957, 米）が、ガスを電球に入れてタングステンの蒸発を抑えることを利用して、「ガス入りタングステン電球」を考案した。また、同年、エジソンもフィラメントをコイル状にして熱放出を抑え、水銀や窒素ガスを封入してタングステンの蒸発を防ぐなどの工夫をした電球の特許を取得している。フィラメントの寿命が従来の 2 倍になったとされている。こうした経緯を経て、1878 年に「エジソン電気照明会社」が設立され、電球、ソケット、電力計などが生産され、送配電方式も確立された。

エジソンは電気抵抗の高い電球を作ってこれを多数、並列接続して使用することを目指した。エジソンは炭素フィラメント電球とこれを使う照明システムを 1881 年のパリ国際電気博覧会に出品し、翌 82 年、ロンドンのホルボーン・ヴァイアダクト（Holborn Viaduct）で中央発電所方式の白熱電灯照

明事業を始めた。これは実験的なシステムであったが、同年、数か月遅れで、ニューヨーク市のパール・ストリートで白熱電灯照明事業を開業した。これが中央発電所方式の最初の白熱電灯照明事業とされている。エジソンはパール・ストリート発電所において、地中ケーブルが埋設され、発電機、地中配電線から電球、ソケット、課金用の電力計までを一貫して製造し、電灯の事業体系を作り上げた。エジソンは見事な実業家であった。また、目立つ宣伝も上手であった。

ただしエジソンは、このように、白熱電灯、直流配電により華々しい成功をおさめたが、交流技術に対してはその将来性を見抜けず、自ら築いた直流システムを守るため、あらゆる手段を用いて交流システムを否定、攻撃した。

白熱電球の実用化により欧米の電灯事業は急速に発展する。日本でも東京市内に電灯を設置しようと1882年（明治15年）には東京銀座に日本初の電灯であるアーク灯がともされ、連日多くの見物人が訪れている。そして、1883年東京電燈会社（現在の東京電力）が設置され、当初アメリカやドイツから白熱電球を輸入していた。その後、1890年「白熱舎」が設置され、白熱電球の製造、販売が開始された。1899年、白熱舎は東京電気（株）と改称し、日本では製造不可能とされていた炭素棒によるフィラメント製造に成功した。以後、白熱電球が広く普及する。

1959年にはアメリカGE社で、石英ガラス球にハロゲンガスを封入したハロゲン電球が開発された。用途は広場などの投光用照明であったが、その後、自動車、光学機器、複写機などに拡大した。ハロゲン電球は白熱電球に比べ、容積が1/30であるのに対し、明るさや発光効率が白熱電球より高く、寿命も長いという特徴を有している。

1969年にはオランダのスーレ（W.E.Thouret）が封入ガスとしてクリプトンガスを用いたクリプトン電球を開発した。クリプトンガスでは熱損失が減少し、タングステンの蒸発を抑制するため、効率、寿命が延びるという利点もある。日本では、1975年に東芝がクリプトン電球を製品化している。消費電力が小さく、寿命が長いということに加えて、熱損失が小さいことからガラス球を小さくすることができ、同じ明るさで電球を小さくできるため、小形スタンドやシャンデリアなどの用途に広く使用されるようになった。

一方、白熱電球とは発光原理が全く異なる蛍光灯は、次のような過程を経て開発実用化されていった。

　1857 年、ドイツのガラス工であり実験装置の製作者で、後に物理学者となる、ガイスラー（Johann Heinrich Wilhelm Geissler, 1814～1879）によって作られたガイスラー管が、蛍光灯の起源と考えられている。ガイスラーは、初めガラス吹きの技術を習得し、1852 年にボン大学で物理、化学の実験装置の製作技師となった。ガイスラーは 1868 年にはボン大学より博士号を受けている。1857 年、プリュッカー（Julius Plücker, 1801～1868）が真空放電の実験に用いるためにこのガイスラー管を使った。低圧の気体を封入したガラス管の中に 2 個の電極を置き、電極間に誘導コイルによって高電圧を加えると、放電による気体の発光が観測された。また、1859 年、フランスの物理学者ベクレル（Alexandre Edmont Becquerel, 1820～1891）は発光・燐光・放射能の研究の際、蛍光ガスを管に封入することを考案した。ガイスラー管と蛍光体を用いた蛍光灯を開発したのである。彼自身は商用のものを作り出すまでには至らなかったが、この蛍光体を用いたガイスラー管はその後蛍光灯の実用化の基礎となった。

　1902～1904 年、フランスの化学者クロード（Georges Claude, 1870～1960）はネオン管を試作し、1910 年に公開した。

　1926 年、ドイツの発明家ゲルマー（Edmund Germer, 1901～1987）のグループは、管内の圧力を上げ、蛍光粉末で覆うことで、放出された紫外線を均一の白い光に変換することを提案した。この発明によってゲルマーはその後、蛍光灯の発明者として認められている。1934 年、アメリカの GE 社がこのゲルマーの特許を購入し、ゲルマーとの共同発明者であるインマン（George E. Inman, 1895～1972）の指導のもと蛍光灯を実用化した。そして、1937 年、GE 社は蛍光灯を初めて販売開始した。日本では、1939 年、東京芝浦電気（現、東芝）が GE 社のインマンから直接技術指導を受け、日本で初めて蛍光灯の試作に成功し、翌年、1940 年には蛍光灯の生産に成功した。そして同年、紀元 2600 年記念事業の法隆寺金堂壁画模写事業で試作品が採用され、日本で初めて蛍光灯が実際の照明に使われた。そして、翌 1941 年、東芝が「マツダ蛍光ランプ」として昼光色の 15W と 20W を発売した。

蛍光灯は白熱電球と比較すれば、消費電力の点からも寿命の点からもその長所は際立っており、最近では電球型蛍光灯も登場している。

そして、照明はさらに省エネタイプとして、蛍光灯に次いで、LED電球の誕生へと続いている。LED電球は白熱電球と同等の明るさを実現するのに、消費電力は白熱電球に比べ約9分の1、寿命は約40倍である。LED電球はすでに実用化し普及が始まっており、今後のさらなる効率向上が期待できる。

2010年になり、経済産業省は非効率性や省エネなどを理由に、2012年までに白熱電球の生産を中止するように電球生産企業へ要請を出した。企業側も、CO_2排出量削減のため、2010年にすでに白熱電球の製造中止を実施した東芝を皮切りに、他メーカーも2012年までに白熱電球の製造を中止、もしくは一部中止を発表している。

3.4.2 民生分野、家電機器

白熱電球から始まった電気機器の事業への応用は、その後、民生分野、家電機器の開発へとつながる。扇風機、アイロンなどがヨーロッパやアメリカで発明され、その後ほどなく日本へ輸入されている。先に述べた白熱電球も1890年には日本で生産され販売されるようになった。テスラが交流システムを発明する1880年代になると、民生分野において電気を応用した発明が相次いだ。1882年、シーリー（Henry W. Seely, 1854〜1902, 米）がアイロン、テスラが扇風機を相次いで発明した。他の多くのほとんどの家電機器も1900年前後に発明、開発され、進歩を遂げた。日本では、1894年、扇風機が、1915年に電気アイロンが、そして電気冷蔵庫や電気洗濯機が1930年に製作されている。ただし、電気冷蔵庫や電気洗濯機が大量に生産され、本格的に普及するのは、戦後、数年して世の中が落ち着いてくる1955年（昭和30年）以降である。日本では輸入品を研究して国産品を製作し、そして改良するという形で発展を遂げた。これらのいくつかの家電機器の発展の技術史を示す。

(1) 扇風機

扇風機は日本で最初に普及した家電製品である。世界的にも最古の家電品である。扇風機はテスラの発明品であるとされている。それより前、1882年にニューヨークのクロッカーとカーティスのモーター会社（Crocker & Curtis Motor Company）の主任技師ウィーラー（Schuyler Skaats Wheeler, 1880～1923、米）が、電気扇風機の特許を取得するが直流電動機で大きく、実用化には至らなかった。

図3.4.3　国産初の扇風機
（頭部は白熱電球）

1888年、テスラが交流電動機の特許を取得するとともに、翌年、これに3枚羽根を取り付けた扇風機の試作品を作った。テスラは電動機の特許をWH社に売り、1889年WH社は家庭用の電気扇風機を販売した。

日本では1894年、芝浦製作所が国産で初めて扇風機を製作したが、これは直流電動機に6枚羽根を付けたものであった。スイッチを入れると羽根が回転すると同時に頭部の白熱電球が灯る電球付であった（図3.4.3　東芝科学館展示品）。その後、G.E.社との技術提携により交流単相誘導電動機を用いて、「芝浦電気扇」として大量に生産され、1916年（大正5年）販売が開始された。戦後、「扇風機」と名前が統一された。1923年に量産が始まったが、このときは金属製の羽根4枚であった。それから機能は進化しても、羽根の枚数は3～5枚で、多くはプラスチックのアクリルニトリルスチレン（AS）製である。平成24年になって、7～9枚の多羽根型の扇風機が出現して、優しい風（柔らかい風）をうたい文句にしている。

(2) 電気アイロン

アイロンは英語で鉄を表す"iron"が原点である。衣類のしわを伸ばすため、

鉄の重さと熱容量が必要であったからであると考えられる。アイロンの歴史は古く、紀元前2000年以前という説もある。電気アイロンは1882年、アメリカのシーリー（Henry W. Seely, 1854～1902）が特許を取得（アメリカ特許公報 No.2590543）したが、まだ各家庭に電気が引かれていなかった。アメリカで本格的に実用化されるのは

図3.4.4 国産初の電気アイロン

1910年頃で、1914年には、日本でもアメリカから輸入された。日本製が初めて製品として販売されたのは1915年のことで、芝浦製作所により製造、販売された（図3.4.4）。そのころは「電気熨斗（のし）」と呼ばれていた。他の家電機器に比べ、戦前の家電の中ではアイロンは各家庭での普及率は高かった。1954年、松下電機がアイロンから蒸気を出すスチームアイロンを初めて開発した。時を経て1978年、ドイツでカセット式スチームアイロンが発売され、翌年には日本でも発売された。

(3) 電気掃除機

掃除機の原点は1811年、イギリスのヒューム（James Hume）が手動の床掃除機の特許を取得したのが始まりと考えられている。さらに、電気ではないが、手動による世界初の真空掃除機が、1868年にアメリカシカゴのマガフィー（Ives W. McGaffey）により発明された。手でレバーを引き、真空を作り出しゴミを吸い取るものである。その後、1876年、ビッセル（Melville Reuben Bissell, 1843～1889）が絨毯用掃除機を発明し、"Bissell Carpet Sweepers"として製品化した。ビッセルの亡き後、その妻が社長となって1899年、電動機駆動による掃除機を開発している。

最初の電気式真空掃除機としては、1901年、イギリスのブース（Hubert Cecil Booth, 1871～1905）が発明したものが、現在の掃除機の原点であるといわれている。ブースは最初、石油を用いたエンジン駆動の大きな装置を作

り、のちに電動機を使用し、ニックネームを "Puffing Billy" と名付けた掃除機を作った。ブースは1906年にパテントを出し、掃除機の製造会社、"British Vacuum Cleaner Company" を創業した。掃除機は英語で "Vacuum cleaner" といい、基本原理は現在も使われている画期的な発明であった。さらに1907年、スパングラー（James Murray Spangler, 1848～1915、米）は、オハイオ州で学校の用務員をしていたが、古い扇風機のモーターを石鹸箱に取り付け、枕カバーをダストボックス

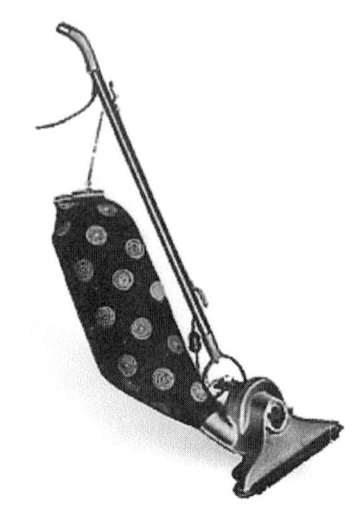

図3.4.5　国産第1号の電気掃除機
　　　　 アップライト型（ほうき型）

にして、回転ブラシ付きの電動の真空クリーナを開発した。アップライト型掃除機（日本では"ほうき型"と呼ばれた）の原点である。スパングラーはこの回転ブラシの特許を1908年に取得したが、それを実用化する資金がなかったため、いとこの夫であるフーバー（William Hoover, 1849～1932）が経営する会社に売却した。フーバーは1908年に最初の電気掃除機を販売した。イギリスでは、電気掃除機を使うという用語に、"hoover" という単語を用いる。

　続いて1912年、ヨーロッパにおいても、スウェーデンのエレクトロラックス社（Electrolux）が、タービン羽根内蔵の家庭用真空掃除機を開発した。

　日本では、大正初期に初めて電気掃除機が輸入された。そして、1931年に芝浦製作所が国産としては初めて開発製品化した。ほうき型ともいわれるアップライト型の電気式真空掃除機である。図3.4.5に国産第1号の電気掃除機を示す。GE社製品をモデルに開発したもので、吸い込み用床ブラシと電動機を一体にした先端部に走行車輪をつけ、軽く手で押すことで掃除ができるようになっている。電動機は100V、直流及び交流共有140Wが使用されている。電動送風機を高速回転させ、内部の空気を遠心力で吹き飛ばして

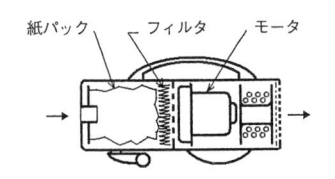

図 3.4.6　シリンダー型電気掃除機 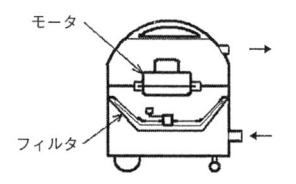　　図 3.4.7　ポット型電気掃除機

低圧にし、ゴミを吸引するものである。価格は110円と当時の大卒給与の約2か月分であったが電気代はごくわずかであった。

その後、ホースが360度回転する、など使いやすさを追求するとともに、アップライト型から始まった掃除機は、戦後、図3.4.6のようなシリンダー型（のちにキャニスター型と呼ばれる）や、図3.4.7のようなポット型が開発され、急速に普及した。

また、1980年代後半からは、モーターのインバータ化や、マイコンとセンサを用いて回転速度を制御するなどの機種も登場した。1993年にはイギリスのダイソン社から、「紙袋がいらず、いつまでも吸い込み力が落ちない」というふれこみのサイクロン式の掃除機が売り出された。吸い込んだごみと空気を円筒型のダストボックス内でらせん状に高速回転し、ゴミをボックス内に落としてきれいな空気のみを排出するというものである。ゴミを頻繁に捨てなければならないこと、音が少し大きいなどの問題点もあるが魅力的である。現在、各社は紙パック式とサイクロン式を併存させるとともに、さらに、吸引力の向上と静かさ、そして手入れ、掃除の容易さに取り組んでいる。

(4)　電気冷蔵庫

電気冷蔵庫は、家庭用、業務用で現在では必ず使用されているものである。構造としても、家庭用としては、現在では、冷凍庫と冷蔵室及びこれに関連する機能が一つにまとめられたものが主流であるが、業務用など専門的な分野では単機能の機器も使用されている。

冷蔵庫の始まりは、1803年、アメリカのムーア（Thomas Moore, 1760～1822）が氷を利用して冷蔵する道具を作り、これを "refrigerator（冷蔵庫）"

と名付けたのに始まる。その後、ファラデーも1820年に液化アンモニアによる冷却を発見している。圧縮式の冷凍方式を世界で最初に開発したのは、1834年アメリカの発明家パーキンス（Jacob Perkins, 1766～1849）で、エーテルを使用した圧縮型の製氷機でアメリカ初の特許を取得した。初めて人工的に氷を作ることができるようになった。その後、開発が続き、1856年アメリカのトワイニング（Alexander Catlin Twinning, 1801～1884）がアメリカ初の冷蔵庫を商用化したといわれているが、これはまだ電気冷蔵庫ではない。

1911年、アメリカGE社が最初の家庭用冷蔵庫らしきものを開発した。フランスの僧侶アウディフレン（Abbe Audiffren）の発明を用いたもので、その後各所で開発が進んだ。そして、現在のような家庭用電気冷蔵庫は1918年、アメリカのケルビネータ（Kelvinator）社によって世界で初めて製品化された。バイメタル式サーモスタットも付いており、壁に埋め込む金庫のようなもので、騒音も大きかった。1927年にはGE社が圧縮機などの機械部分を冷蔵庫の箱体上部に置いた、モニタートップ型といわれる家庭用電気冷蔵庫の開発、量産化に成功し、累計100万台を売り上げたといわれている。

日本における電気冷蔵庫の歴史は、1923年、三井物産がアメリカGE社より輸入したのに始まる。1927年には日立製作所が電気冷蔵庫の試作に成功した。同年、東芝のエレクトロニクス事業の前身、東京電気がGE社製冷蔵庫を三井物産経由で輸入販売する一方で、国産化を企画し、重電事業の源流である芝浦製作所が試作を開始し、1930年には国産第1号の家庭用電気冷蔵庫を完成させた（図3.4.8）。これはGE社製をほぼ模写したもので、内容積は125ℓ、重量157kgの金庫のようなもので、圧縮機を冷蔵庫上部に置いているのが特徴的である。圧縮機には1/10馬力の4極単相誘導電動機が用いられていた。その後、1933年に、芝浦製作所が純国産電気冷蔵庫を製

図3.4.8　国産初の家庭用電気冷蔵庫

作し、「電気冷蔵器」として発売を開始した。少し遅れて日立、三菱も販売を開始した。販売標準価格は720円で、当時としては庭付きの小さな家が1軒買えるほどの価格であった。購入層は、よほどの上流家庭か高級レストランに限られていた。1935年には、圧縮機や凝縮器をキャビネットの下部に納めたフラットタイプ型冷蔵庫も発売された。このころから「電気冷蔵庫」という呼称が定着していった。しかし、1937年の全国普及台数はまだ12,000台程度であった。その後、電気冷蔵庫の普及活動が盛り上がろうとした矢先、太平洋戦争のため、物資不足、生産制限などから、1940年一次製造中止となった。

　家庭用電気冷蔵庫の販売が再開されたのは、戦後の1947年からであり、1953年頃から密閉型コンプレッサー、フロンR12が使用されるようになり、各社が量産体制をとるようになって各種機能が追加され、価格も下がってきた。ただし、1950年代までは上部に氷を置き冷蔵する木製氷冷蔵庫と併存していた。1952年に日立が売り出した容積90ℓの小型冷蔵庫が好評だったため、各メーカーが一斉に電気冷蔵庫の販売に参入した。

　1950年代後半（昭和30年代）からの高度成長時代に合わせ、また、1959年の皇太子殿下（現在の天皇陛下）ご成婚などの明るい話題とともに、冷蔵庫は洗濯機、白黒テレビとともに、「三種の神器」の一つとしてもてはやされ、爆発的に普及した。

　1960年代になると、冷凍食品が出回るとともに、冷凍食品やアイスクリームの保存ができる冷凍冷蔵庫の時代へと移っていった。1961年、日立が冷蔵室内に冷凍室を設けた冷蔵庫を「冷凍冷蔵庫」として売り出した。1958年の普及率は3.2％であったが、1963年には39.1％となり、1971年には90％を超えた。生産台数では1959年には年間生産量が55万台、1960年には90万台、1963年には340万台と急増した。

　1966年には、東芝により独立した冷凍室と冷蔵室用の冷却器を持った1ドア、2温度式冷蔵庫が開発された。1970年代以降は、自動霜取り機構付のドア式冷凍冷蔵庫が一般化した。1970年には松下が冷凍室を独立させ、2ドア冷凍冷蔵庫を発売した。冷凍食品の普及とともに、冷凍食品を保存できる冷蔵庫がライフスタイルを変えるひと働きもした。1973年にはシャープが

野菜室を独立させた3ドア冷凍冷蔵庫を発売、1979年には三菱が3段扉の一番下の野菜室を引き出し式にするなどの目覚ましい進展があった。

1980年代になると、野菜室や、チルド室といったように、各機能別の部屋を備えたマルチドア化した冷凍冷蔵庫が普及した。また、脱臭機能や急速冷凍といった付加機能が多様化し、各社から種々の新製品が発売された。1988年、東芝は自動で氷ができる機能、「自動製氷機付き」機能のもの（「かってに氷」の愛称）を開発、商品化した。シャープは1990年代よりドアが左右どちらからも開閉できるもの（のちに「どっちもドア」の愛称）、1983年には三洋が新温度帯室採用（0からマイナス3度の「氷温貯蔵室、お刺身ルーム」）の3ドア冷凍冷蔵庫など、次々と新しい機能が付加されていった。

2000年代になると断熱材の進歩で、壁厚さを薄くするとともに、小型で大容量化の動きもみられている。

(5) 電気洗濯機

電灯の普及に従って家庭に電気が供給されるようになり、電動機が発明されると、これを動力源とした洗濯機も開発された。また、第2次世界大戦後、自動制御の発展によって自動洗濯機が出現するようになる。電気を使用しない手動式の洗濯機はすでに、1797年にアメリカで、キング（James T. King）によるドラムを利用した手動式の洗濯機の発明があり、1851年に特許が成立している。1700年末から1800年代にかけて、アメリカ、イギリスでドラム型、遠心型などの"電気を使用しない"洗濯機、ならびに脱水機が発明されている。

1906年にアメリカで電気洗濯機の大量生産が開始された報告があるが、その発明者の名前は知られていない。電気洗濯機の発明者としてフィッシャー（Alva John Fisher, 1862〜1947, 米）が1910年に電気洗濯機の特許を取得し（アメリカ合衆国特許第9666,677号）、電気洗濯機の発明者とされることが多い。しかしそれより前、1908年に、ウッドロー（Oliver B. Woodrow）が電気式の特許を発明し（アメリカ合衆国特許第921,195号）、これがおそらく米国で取得された最初の電気洗濯機の特許だと考えられている。全自動洗濯機もすでに1937年にアメリカベンデイックス（Vincent Hugo Bendix, 1881

〜1945）が洗濯から脱水まで全自動で行う特許を取得し、それを使った洗濯機を同年発売している。第2次世界大戦後間もなく、アメリカではベンデイックス社（Bendix Corporation）が1947年改良型の全自動洗濯機を、その後まもなくGE社も全自動洗濯機を発売している。他社も1950年代初めまでに次々と、全自動洗濯機または脱水機との二槽式洗濯機を発売している。

　日本では1930年に芝浦製作所が、アメリカGE社の技術を導入して国産洗濯機を製造販売した（図3.4.9）。「ソーラーA型」という名称で当時の値段370円で発売された。その頃の銀行員の初任給が約70円であるから、高価格で庶民にとっては高嶺の花であった。洗濯機の方式は撹拌式であった。撹拌式は洗濯槽と同じ程度の高さのある羽根をゆっくり反転させて水流を発生させる方式である。初期の洗濯機はこのタイプで、1950年代まで用いられたが、現在、日本では大型となるため業務用の一部に限られるが、アメリカでは現在でも主流である。1950年代前半では小形撹拌式洗濯機が好評であった。昭和20年代後半から皇太子殿下のご成婚などの昭和30年代前半にかけて、冷蔵庫、白黒テレビ、洗濯機が「三種の神器」としてもてはやされた。

　1952年、フーバー社（Hoover Co.）より噴流式洗濯機が発売された。洗濯時間が短くでき、小形で軽量であったため、日本の各メーカーもこの方式の開発に取り組んだ。そして、1953年、日本で初めて三洋から噴流式洗濯機（一槽式）が発売され、安さと便利さから売り上げが急速に伸びた。さらに、「噴流式」は「渦巻式」に改良された。

図3.4.9　国産初の電気洗濯機

1956年には、日本初のドラム式全自動洗濯機が東芝から発売された。その後、洗濯機と脱水機を合わせた二槽式洗濯機が1960年に三洋から発売された。続いて各社から二槽式洗濯機が発売された。ただし、当初はまだ高価であった。学卒の初任給の約2倍であったという。二槽式洗濯機は脱水性能がいいため、洗濯物を干す時間が短縮でき、好評で1966年には一槽式洗濯機の販売台数を追い抜いた。1966年には、三菱と東芝がほぼ同時に「自動二槽式洗濯機」を発売した。すでに全自動洗濯機が販売されていたが、昭和40年代は二槽式洗濯機の全盛期が続いた。

　1937年、アメリカで洗濯から脱水までを自動で行なう「全自動洗濯機」が発売されたが、日本では価格が高く、なかなか普及しなかった。1956年、東芝が日本で初めて傾斜ドラム式の全自動洗濯機を発売した。1965年には日立が渦巻き式の全自動洗濯機を発売した。1972年には日立が本格的なドラム式洗濯機を発売した。全自動洗濯機が二槽式洗濯機の販売数を追い抜くのは1989年（平成元年）のことである。この頃から洗濯機にもマイコン制御が取り入れられ、全自動化が進んだ。1990年には、東芝からインバーターファジー制御の「全自動洗濯機」も販売が開始された。さらに、洗濯から乾燥まで自動で行なう「全自動洗濯乾燥機」は1990年後半に販売された。しかし当初は振動、騒音が大きく普及が進まなかった。2000年にインバータ制御のDD（Direct Drive）モーターを採用したドラム式の全自動洗濯乾燥機は、運転音を非常に静かにしたものであった。続いて縦型の全自動洗濯乾燥機も販売された。

あとがき

　本書は、電気機器の事始めから現状までの技術の変遷を、とくに、「機器の技術史」という観点から述べたものです。電気工学を専攻し、すでに「電気機器工学」の関連科目を勉強した方々には、履修した「電気機器工学」の認識を本書が一段と深めることに役立つと考えます。また、学習中の方々には、「電気機器」というモノ作りの原点を知る上でも、並行してお読みいただければ有益であると思います。電気工学の専攻でない方々には、専門的に詳細に述べた部分、例えば、「2.1.2　変圧器の本体と特性を決めるもの」の中では、「新旧変圧器の比較のための詳細設計計算」などは、途中の経過を飛ばし結論のみを読み取るようにしていただければ、電気機器一般の教科書としても使用可能と考えます。また、本書は、電気に関心ある人々の教養書としても有用なものになりうると考えています。電気の発生、供給、利用の順に記載していますので、電気機器の発展経緯を少し歴史的に立ち戻ってみていただければ幸いです。

索　引

あ

アーク……………………………63
アークシュート（消弧装置）…………64
アーク接触子……………………75
アーク灯………… i, 12, 32, 33, 106, 122, 123
アウディフレン……………………134
アップライト型掃除機……………132
油遮断器……………………………65
アラゴ………………………… 2, 112
アラゴの円板……………………21, 112
アリアンス（Alliance）社 ……………3
アルテネック………………………6
アルミニウムセル避雷器………………94
アレガニー社……………………42
安定性評価試験……………………105
アンペール……………………………i, 2
飯島善太郎………………………41
一巻回電圧…………………………43
1点切り……………………………74
猪名川変電所………………………74
インターリブド巻線………………49
インパルス比………………………93
インピーダンス（% IZ）……… 42, 43
インマン…………………………128
ウィーラー…………………………130
ウィーン（Wien）万博………………7
ウィリアム・マードック……………122
ウェスチングハウス（Westinghouse、WH）社……………………10
ウェスティングハウス… 12, 17, 22, 37, 39, 114
薄板軟鋼板………………………42

内側界磁……………………………23
内側回転界磁……………………24, 26
ウッドロー…………………………136
エアーブースター…………………75
永久磁石界磁発電機…………………1
液流下スプレー式…………………59
液冷却SF₆ガス絶縁変圧器……………58
エジソン…… 8, 12, 17, 33, 37, 113, 124, 126
エジソン記念碑…………………125
エジソン直流発電機…………………9
エジソン電気照明会社……………126
エッジ−ワイズ巻き………………28
エバポレータ……………………57
エポキシモールド変圧器……………57
エリアス機………………………6, 7
エリコン（Oerlikon）社……………19
LED電球 ……………… 106, 122, 129
エルステッド………………………i
エレクトロラックス社……………132
円筒機……………………………31
扇島変電所………………………71
大阪電灯…………………………41
オキサイドフィルム避雷器…………94
遅れ小電流遮断……………………89

か

開極時間……………………………80
界磁………………………………21, 108
界磁回転子…………………………30
界磁巻線…………………… 24, 30, 119
碍子形ガス遮断器…………………73
碍子形小油量遮断器…………………65
碍子形油遮断器……………………66

界磁コイル……………………………15
界磁調整器………………………119, 121
界磁電流…………………………119, 120
ガイスラー………………………… 128
ガイスラー管……………………… 128
外鉄形…………………… 36, 37, 40, 41
回転界磁……………………………16
回転界磁形………………………13, 21
回転磁界……………………21, 106, 112
回転式直流発電機………………………i
回転電機子構造………………14, 15, 16
回転電磁針………………………… 107
回転変流機………………………18, 19, 22
回復電圧……………………………81, 84
開閉器………………………………63, 65
開閉サージ動作責務試験…………… 104
開閉サージ放電耐量試験…………… 104
開閉装置………………………………63
開放磁気回路…………………………33
開放磁気回路鉄心……………………35
カオリン…………………………… 123
かご形誘導電動機………………… 115
重ね巻き………………………………28
過酸化鉛………………………………94
ガス入りタングステン電球………… 126
ガス遮断器……………………………71
ガス絶縁変圧器……………………56, 57
ガス絶縁密閉型開閉装置（GIS）…74, 78, 80
カセット式スチームアイロン……… 131
片持ち挺…………………………… 110
家電………………………………… 106
過渡回復電圧…………………………81
過渡電圧上昇率………………………90
カナダ-ナイアガラ（Canadian-Niagara）
　発電所………………………………22
ガバナ（調速機）……………………24
カリフォルニア冬季国際博覧会…… 115

カレー……………………………… 124
乾式……………………………………53
乾式トランス…………………………56
乾式変圧器……………………………57
環状（リング）形……………………13
環状巻線…………………………… 111
環状形（またはリング形、Ring）巻線電
　機子…………………………………6
ガンツ社………………… 32, 35-37, 53
感応コイル……………………………32
気中ギャップアレスタ………………92
ギブス……………………………33-35, 37
ギャップ付酸化亜鉛形避雷器………99
ギャップ付き避雷器………………… 102
ギャップなし避雷器………………… 102
ギャップレス避雷器…………………97
曲隙型電気吹消し気中遮断器………74
虚数部 IX 分…………………………43
近距離線路故障（SLF: Short Line Fault）
　…………………………………71, 76
近距離線路故障遮断…………………90
キング……………………………… 136
金属酸化物（Metal Oxide）避雷器……98
空気遮断器………………………66, 67
クーリッジ………………………… 126
空冷……………………………………30
駆動用交流電動機………………… 121
クラーク………………………………2
グラム（Gramme）機……4, 6-8, 13, 111
グリ（Guri）機………………………26
グリ（Venezuela Guri）発電所………26
グリⅡ発電所水力発電機……………27
グリーナ…………………………… 123
グリニッチ　トランウェイ（Greenwich
　Tramway）発電所…………………27
クリプトン電球…………………… 127
クルックス………………………… 126

索　引　143

クレッグ……………………………… 122
クロード……………………………… 128
グロスブナー………………………… 36
グロスブナーギャラリー…………… 34
グロスベノア・ギャラリー（Grosvenor Gallery）変電所……………… 63
クロッカーとカーティスのモーター会社 ……………………………… 130
クロンプトン………………………… 124
ゲイ・リュサック…………………… 112
蛍光灯………………………… 106, 128
ケイ素鋼板…………………………… 42
ケルビネータ（Kelvinator）社……… 134
ゲルマー……………………………… 128
限流形避雷器………………………… 96
高圧磁気吹消し形遮断器…………… 75
高周波電流遮断……………………… 76
公称放電電流………………………… 101
合成試験………………………… 71, 85
高速三段膨張機関…………………… 9
高速度再閉路方式…………………… 70
交直送電論争………………………… 122
交直両用発電機……………………… 22
交直論争………………………… 12, 17
高電圧大容量ガス絶縁変圧器…… 59, 60
鋼板組み立て式……………………… 28
効率…………………………………… 47
ゴーラール………………………… 33–35, 37
固定電機子…………………………… 16
小林三佐夫…………………………… 98
コロンブスの卵……………………… 21
コロンブス博覧会…………………… 12
コントレート電極…………………… 78

さ

再起電圧………………………… 81, 84
サイクロン式………………………… 133

再点弧………………………………… 84
再投入時間…………………………… 81
再発弧………………………………… 84
酸化亜鉛 ZnO 素子……………… 94, 97
酸化亜鉛形避雷器………………… 97, 98
酸化亜鉛多結晶焼結体 ZnO バリスタ …98
酸化被膜避雷器……………………… 94
三脚鉄心……………………………… 48
三種の神器……………………… 135, 137
三相交流システム…………………… 115
三相誘導電動機………………… 17, 19, 116
三部組立……………………………… 28
シーメンス…………………………… 36
シーメンス機………………… 5, 9, 13, 14
シーメンス社………………………… 39
シーリー…………………………… 129, 131
ジェネラル・エレクトリック（GE）社… 12
磁界…………………………………… i
シカゴ・コロンブス万国博覧会…… 114
シカゴ万国博覧会…………………… 21
シカゴ万博…………………… 113, 115, 118
磁化電流……………………………… 47
磁気遮断器……………………… 64, 74
磁気吹消方式………………………… 64
磁気吹消し形避雷器………………… 96
ジグザグ巻線電機子………………… 15
磁性板………………………………… 96
実数部 IR 分………………………… 43
芝浦製作所…………………………… 41
芝浦電気扇…………………………… 130
遮断器……………………… 32, 63, 65
遮断器端子故障遮断………………… 83
遮断器端子故障遮断責務…………… 83
遮断時間……………………………… 81
シャトル（Shuttle）構造………… 39, 40
シャトル形電機子…………………… 5
ジュール……………………………… 110

ジュールの法則	110
主間隙	48
主刃	63
瞬滅ギャップ	96
蒸気タービン	27
消弧室	65, 67, 69, 70
蒸発冷却式変圧器	58
照明	32
照明用電灯	106
シリコーン	56
シリコーン変圧器	56
シリンダー型電気掃除機	133
自励磁	118
真空遮断器	76
真空スイッチ	76
真空バルブ	77
新榛名変電所	61
水銀アーク灯	123
水素冷却	30
スーレ	127
スコット	114
スコット（Scott）結線	24
進み電流遮断	89
スタンレー	37, 39
スチームアイロン	131
ステイト	123
ストローク曲線	80
スパイラル	78
スパイラル電極	78
スパングラー	132
スポーン	93
スリップリング	3, 16, 18
スワン	33, 124, 126
制限電圧	102
静電気	i
静電力	i
整流子	2, 3, 108, 121

世界コロンブス博覧会	21
石塔型	41
セクション間	48
絶縁回復	84
絶縁協調	93
絶縁体	i
接触器	65
接触子	67, 75, 80
セパレート式	59
セパレート式ガス絶縁変圧器	58
全自動洗濯機	137
全絶縁	48
セントルイス	41
扇風機	129, 130
送電	33
送配電	ii
送配電網	122
送油風冷式	53
送油風冷式変圧器	54
外側界磁	23
外側回転界磁	24
ソレノイド・アーク式磁気遮断器	75
ソレンセン	76

た

タービン	29
タービン発電機	27, 29, 30
ターン間	48
ダイソン社	133
帯電度	54
ダイナモ	1
ダイナモ形発電機	4
大容量ガス絶縁変圧器	54, 57
大容量高ガス圧ブロア	59
第4回内国勧業博覧会	41
多極直流発電機	9
竹フィラメント電球	125

多重雷	100
多相交流	12
多相交流システム	114
多相交流誘導電動機	16
立川航空技術研究所	71
縦磁界電極	77, 78
縦軸	19
縦軸傘形構造	24
ダニエル	i
ダニエル電池	123
ダブテイル	28
他励磁	118
他励直流発電機	121
他励電動機	121
単圧式（パッファ式）	72
単一鋼鍛式	29
炭化ケイ素 SiC	92
炭化ケイ素 SiC 避雷器	95
単巻変圧器	56
単極形発電機	1
タンク形ガス遮断器	73
タンク形油遮断器	66
ダンジェネス（Dungeness）灯台	3
炭素アーク灯	123
単相3脚鉄心	47
単相2脚鉄心	47
炭素フィラメント電球	126
短絡試験	82, 84
短絡電流等価試験回路	91
断路部	67
蓄電器	i
チャーチ	123
チャドウィック	49
中性点直接接地	55
直接接地	48
直接冷却タービン発電機	31
直巻	119

直巻電動機	120
直巻特性	120
直巻発電機	120
直流電動機	10, 108, 118
直流発電機	2, 8, 10
直流変圧器	18
直列ギャップ形避雷器	94
鼓状（ドラム）形	13
鼓状巻線	111
鼓状形（またはドラム形、Drum）巻線電機子	6
ツペルノウスキー	36
爪形磁極	21
定格遮断電流	83
定格電圧	100
低減絶縁	48
低減率	101
抵抗遮断方式	68
抵抗損	46
定電圧変圧器	35, 36, 39
定電圧用磁気回路変圧器	36
定電流直列変圧器	33
定電流発電機	33
デヴィドソン	108
ダービー	123
テスラ	12, 17, 106, 113, 130
鉄機械	26, 42
鉄損	46, 47
デプトフォード（Deptford）	36
デプトフォード（Deptford）発電所	63
デプトフォード－ロンドン系統	38
デプレ	7
デリー	36
電圧変動率	25
電位振動	48, 93
電荷	i
電気アイロン	129, 130

電気機器……………………………… ii
電気キャンドル…………… 12, 13, 32, 123
電機子……………………… 21, 108, 119
電機子巻線………………………………30
電機子コイル……………………………15
電機子電流……………………… 119, 120
電機子内部抵抗………………………119
電気洗濯機……………………… 129, 136
電気掃除機……………………………131
電気熨斗（のし）……………………131
電気分解………………………………… i
電気メッキ……………………………… i
電球型蛍光灯…………………………129
電気冷蔵庫……………………… 129, 133
電磁機関車……………………… 108, 109
電磁機器………………………………… i
電磁石界磁ダイナモ……………………4
電磁石界磁発電機（Dynamo）…………4
電磁線輪………………………………… i
電車用電動機…………………………121
電磁誘導の法則………………………… i
電磁力…………………………………… i
電信………………………………………32
電池……………………………………… i
電動機………………………… i, ii, 106
電灯の分割……………………………124
電動力応用……………………………106
電流遮断…………………………………89
電流重畳法………………………………85
等価試験法………………………………91
銅機械……………………………………42
東京電気（株）………………………127
東京電燈会社…………………………127
動作開始電圧…………………………102
動作責務…………………………………81
銅線渦電流損……………………………46
銅損………………………………………46

導体……………………………………… i
投入抵抗方式……………………………70
特別高圧…………………………………41
特別変圧器………………………………41
突極機……………………………………31
突極機構造………………………………28
突極構造…………………………………21
ドブロウスキー………………………116
ドブロブロスキー……………………106
ドブロボルスキー………………… 17, 19
トラファルガー（Trafalgar）変電所…36
トリノ博覧会……………………………34
トワイニング…………………………134

な

ナイアガラ（Niagara）機………………26
ナイアガラ（Niagara）発電所…………22
内鉄形………………………… 36, 37, 40, 41
並切り形…………………………………65
二極直流発電機…………………………11
2サイクル遮断…………………………70
二次発電機………………………… 34, 35
二重タンク液浸式………………………59
二相交流システム………………………22
二相電動機………………………………22
日本電力岐阜変電所……………………42
ネオン管………………………………128

は

パーキンス……………………………134
ハーシェル……………………………112
ハーゼルワンダー………………………18
パーフルオロカーボン（PFC）液………58
パーフロロカーボン（$C_8F_{16}O$）液……57
パール・ストリート…………………127
パール・ストリート発電所…………127
バーロー………………………………107

バーローの輪 107
ハイセルキャップ（high series capacitance）巻き 49
配電 33
倍率 101
白熱舎 127
白熱電球 106, 122
白熱電灯 32
刃形開閉器 63
箱根水力電気 42
はずみ車 109, 110
パチノッチ機 6, 7
パチノッチリング 40, 41
白金線白熱電球 125
パッシェン曲線 76
発電 ii
発電機 i
パッファシリンダ 74
ハナマン 126
バベッジ 112
バリア絶縁方式 42
パリ国際電気博覧会 126
バリスタ 97
パリ電気博覧会 125
ハロゲン電球 127
パワーエレクトロニクス 121
半開放溝 24
ハンガリー博覧会 32
バンクス卿 i
半導体粘土層（カオリン） 12
ピキシ i, 1, 2
引き出しコイル 80
引き外し自由 82
引き外し装置 82
引き外し優先装置 82
非直線抵抗素子 94
ビッセル 131

非突極機（Non-salient）構造 28
火花放電 i
日比谷変電所 71
ヒューム 131
標準動作責務 81
漂遊負荷損 46
避雷器 32, 92
平打ち巻 24, 28
ファラデー i, 1, 32, 106, 112
フィッシャー 136
フィラメント材料 125
ブース 131
フーバー 132
フーバー社 137
フェラリス 113
フェランチ（Ferranti）機 13-15
フェランティ 36
フェランティ社 38, 53
負荷時タップ切り替え 52
負荷時電圧調整変圧器 61
複圧式（二圧式） 72
複巻（外分巻） 119
複巻（内分巻） 119
複巻電動機 120
複巻発電機 120
ブダペスト 36
不燃性変圧器 56
フライシュトラール（Freistrahl）形空気遮断器 67
フライホイール効果（GD^2） 15, 24, 26, 30
ブラウン 19, 72
ブラシ 121
ブラスィー 35
ブラッシ機 16
ブラッシ社 15
ブラッシュ 124
ブラドリー 18

フランクフルト（Frankfurt）万博 ……19
フランクフルト万博……………… 116
フランシス形………………………19
フランジドカラー…………………48
フレオン……………………………57
プロトタイプ器……………………55
フロメント……………………… 108
分布巻鼓状巻線電機子…………… 8
分巻…………………………… 119
分巻電動機…………………… 120
分巻特性……………………… 120
分巻発電機…………………… 120
閉磁気回路…………………………36
ベイリ………………………… 112
ページ………………………… 109
ベクレル……………………… 128
ペトリ………………………… 123
変圧器…………………………32, 41
弁形避雷器…………………………94
弁抵抗形避雷器……………………95
ベンデイックス……………… 136
ベンデイックス社…………… 137
方形波インパルス電流放電耐量試験… 104
方向性電磁鋼帯……………………47
棒状鉄心……………………………33
放電開始電圧………………… 102
放電耐量……………………… 102
法隆寺金堂壁画模写事業……… 128
補助刃………………………………63
ポット型電気掃除機………… 133
ポリ塩化ビフェニール（PCB）………56
ボルタ………………………………i
ボルタの電堆………………………i
ホルボーン・ヴァイアダクト… 126
ホルムズ…………………………… 3
ポンピング防止装置………………82

ま

マガフィー…………………… 131
マグネト……………………………1
マグネト形直流発電機…………… 3
マグネト形発電機………………… 4
松岡道夫……………………………98
マツダ蛍光ランプ…………… 128
丸打ち回転子………………………29
水遮断器……………………………66
南アフリカ ESCOM 社 ……………74
南川越変電所………………………71
ミュンヘン国際電気博覧会……… 7
三吉正一……………………………41
三吉電機工場………………………41
ミラー…………………………7, 19
ミルグリーク（Mill Greek）水力発電所
 ………………………………21
ミル電動機…………………… 121
ムーア…………………… 125, 133
無電圧時間…………………………82
明電舎………………………………41
モアッサン…………………………71
モールド変圧器……………………57
モニタートップ型…………… 134
モロー………………………… 124

や

ヤブロチコフ……………12, 13, 32, 123
ヤンセン式…………………………61
ヤンセン式負荷時タップ切り換え器……61
有効接地……………………………48
誘導線輪……………………………32
誘導電動機……………21, 22, 106, 112
誘導電動機駆動の電動発電設備……… 114
誘導電流……………………… 112
ユスト………………………… 126

横軸……………………………………21
横浜電気保土ヶ谷変電所………………42
4点切り…………………………………74

ら

雷公称放電電流……………………… 102
雷サージ動作責務試験……………… 103
ライデン瓶……………………………… i
ラウフェン（Lauffen）水力発電所 ……19
ラウフェン（Lauffen）発電所 ……… 116
ラマイヤ社………………………………18
ラム…………………………………… 114
ラングミュア………………………… 126
リース……………………………………78
力率………………………………………35
リッチー……………………………… 107
流動帯電…………………………………54
流動体電現象……………………………53
ルイス……………………………………93
ルー……………………………………… 3
ルボー……………………………………71
冷却パネル………………………………58
冷凍冷蔵庫…………………………… 135
レッドランド……………………………21
連続使用電圧………………… 101, 102
ロコー……………………………………56

わ

ワードレオナード方式……………… 121
ワイル・ドブケ（Weil-Dobke）法 ……85
ワグネル変圧器会社……………………41

％IZ………………………………………43
1000kV 実証試験設備…………………61
AEG（Allgemein Elektricitäts
　　Gasellschaft）社 ……… 17, 65, 67, 85
Allied Chemical 社 ……………………71

BBC 社 …………………………………67
British Vacuum Cleaner Company … 132
BTA（ベンゾトリアゾール）…………55
BTF ………………………………………83
BTF 責務 ………………………………83
Cu-Bi 電極 ………………………………78
Cu-Cr 電極 ………………………………78
DOE ……………………………………58
Dreh-Stroms ……………………………18
Edge-wise ………………………………28
EHV 変圧器 ……………………………53
GE 社 ………………… 12, 22, 58, 65, 67
GIS ………………………………… 74, 78
hoover ………………………………… 132
JT-60 ……………………………………77
Magneto ………………………………… 1
M-G セット ………………………… 114
Mt.Shasta Power Co. …………………44
Oak Ridge National Laboratory ………58
P パルプ（紙）避雷器 …………………95
Reyrolle 社 ……………………………65
SF₆ガス …………………………57, 71, 72
SLF 遮断 …………………………… 71, 91
Transformer ……………………………36
Trip Free ………………………………82
T ヘッド…………………………………28
UHV（100万ボルト）変圧器 ……… 53, 55
Vacuum cleaner ……………………… 132
WH 機 …………………………………17
WH 社…… 10, 15, 21, 22, 40, 41, 58, 67, 114

著者紹介

乾　昭文（いぬい　あきふみ）
　　国士舘大学教授、元東芝

山本　充義（やまもと　みつよし）
　　元埼玉大学教授、元拓殖大学教授、元東芝

川口　芳弘（かわぐち　よしひろ）
　　元国士舘大学教授、元東芝

電気機器技術史 ―事始めから現在まで―
2013年7月20日　初　版第1刷発行

著　者	乾　　　昭　文 山　本　充　義 川　口　芳　弘
発行者	阿　部　耕　一

〒162-0041　東京都新宿区早稲田鶴巻町514番地
発行所　　　株式会社　成文堂
　　　電話 03(3203)9201(代)　Fax 03(3203)9206
　　　http://www.seibundoh.co.jp

製版・印刷・製本　藤原印刷
☆乱丁・落丁本はおとりかえいたします☆
©2013　乾昭文・山本充義・川口芳弘　　Printed in Japan
　　　　ISBN 978-4-7923-8073-1　C3054　　検印省略

定価（本体3000円＋税）